AF836897

KAKTEEN

Titel der französischen Originalausgabe:
Yves Delange: Cactées – Comment les choisir et les cultiver facilement,
erschienen 2004 bei Les Éditions Eugen Ulmer, Paris

Aus dem Französischen von Christiane Schoelzel, Straßburg

Bibliografische Information Der Deutschen Bibliothek
Die Deutsche Bibliothek verzeichnet diese Publikation in der Deutschen Nationalbibliografie; detaillierte bibliografische Daten sind im Internet über http://dnb.ddb.de abrufbar.

Das Werk einschließlich aller seiner Teile ist urheberrechtlich geschützt. Jede Verwertung außerhalb der engen Grenzen des Urheberrechtsgesetzes ist ohne Zustimmung des Verlages unzulässig und strafbar. Das gilt unsbesondere für Vervielfältigungen, Übersetzungen, Mikroverfilmungen und die Einspeicherung und Verarbeitung in elektronischen Systemen.

© 2006 Verlag Eugen Ulmer KG
Wollgrasweg 41, 70599 Stuttgart (Hohenheim)
Internet: www.ulmer.de
Lektorat: Karin Wachsmuth
DTP: Satz+Layout Fruth GmbH, München

Printed in Germany

ISBN-13: 978-3-8001-4765-6
ISBN-10: 3-8001-4765-3

Bildquellen
Béatrice Pichon-Clarisse: Seite 5, 6, 9, 14 oben, 15, 20, 21, 32, 36 oben, 43 unten, 52 unten, 53 unten, 57 oben, 80. Daan Smit: Seite 12 oben, 13 unten, 54 unten, 55 oben, 56, 62 unten, 79. Dolf Straatemeier: Titelbild, 46, 49 unten. Franck Boucourt: 4. Umschlagseite und Klappe, 7, 10, 22, 23, 24, 25, 26 rechts, 26 links, 27 rechts, 27 links, 28 (6), 31, 33, 34 unten, 41 oben, 41 unten links, 42 rechts, 45 unten, 65 unten, 69 oben, 69 unten, 72 unten, 74 unten rechts, 75 unten, 83 oben, 84 unten, 86 unten, 90 unten, 91 oben, 91 unten. Hans Friedrich Haage: Seite 65 oben, 77. Hans Graf: Seite 15. MAP/Descat: Seite 17, 30, 34 oben, 51, 52 oben, 62 oben. MAP/Guerrier: Seite 36 unten. MAP/Nichols: Seite 29. MAP/P. und N.Mioulane: Seite 14 unten, 94 oben, 94 unten. MAP/Strauss: Seite 18, 58. Markus Berger: Seite 40, 88 unten. Yves Delange: Seite 3, 11, 12 oben, 12 unten, 13 oben, 35 oben, 35 unten, 37, 38, 39, 41 unten rechts, 42 links, 43 oben, 44 rechts, 44 links, 45 oben, 47, 48 oben, 48 unten rechts, 48 unten links, 49 oben, 50, 54 oben, 55 unten, 57 unten, 59, 60 oben, 60 unten, 61 oben, 61 unten, 63, 64, 66, 67, 68 oben, 68 unten, 70 oben, 70 unten, 71 oben, 71 unten, 72 oben, 72 Mitte, 73, 74 oben, 74 unten links, 75 oben, 76, 78 oben, 78 unten, 81, 82 oben, 82 unten, 83 unten, 84 oben, 84 Mitte, 85, 86 oben, 86 Mitte, 87 oben, 87 unten, 88 oben, 89 oben, 89 unten, 90 oben, 92 oben, 92 unten, 93 oben, 93 unten.

Zeichnungen: Mickael Mourot

YVES DELANGE

KAKTEEN

auswählen und pflegen

ÜBERSETZT VON
CHRISTIANE SCHOELZEL, STRASSBURG

VERLAG EUGEN ULMER

INHALT

Einleitung

Kakteen findet man in fast allen Landstrichen Amerikas. Besonders viele Arten sind in Mexiko beheimatet. In der indianischen Kultur spielten die Kakteen eine wichtige Rolle. Nach dem »Codex Mendoza« aus dem 14. Jahrhundert besagte eine Prophezeihung, die Hauptstadt sei dort zu errichten, wo man einen Kaktus fände, auf dem ein Adler mit einer Schlange im Schnabel säße. Dieses Symbol wurde zum Wahrzeichen der Hauptstadt der Azteken »Tenochtitlan«, dem heutigen »Mexiko-City«. Durch den General Itubide wurde es als Staatswappen übernommen. Es zeigt einen Adler, der auf einem Feigenkaktus (*Opuntia*) sitzt. Andere Vertreter dieser Pflanzenfamilie hatten wegen ihrer halluzinogenen Wirkungen eine große Bedeutung bei rituellen Handlungen.

Sehr viele Menschen sind heute fasziniert von Kakteen; sie bewundern die Schönheit ihrer Blüten und die beeindruckende Größe zahlreicher Arten. Über 2000 Arten wurden beschrieben, und sie werden auch in Zukunft einen besonderen Platz in Liebhaber-Sammlungen und in den renommierten botanischen Gärten einnehmen.

Opuntia ficus-indica, der Feigenkaktus, stammt aus Mexiko und ist heute im gesamten Mittelmeerraum verbreitet.

Danksagung

Der Autor dankt Vincent Cerruti von der Gärtnerei Cactus Estérel (203 chemin de Maupas, F-83600 Bagnols-en-Forêt, Tel. 0033/4 94 40 66 73) für die Kakteenfotos, die in seiner Sammlung aufgenommen wurden.

Der Verlag Eugen Ulmer dankt dem Fachberater der deutschen Ausgabe, Herrn Hans-Friedrich Haage von der renommierten Kakteengärtnerei Haage in Erfurt, für seine kompetente Unterstützung und seine fachliche Überarbeitung und Anpassung der Übersetzung.

Kakteen

Dank ihrer außergewöhnlichen Fähigkeiten sind Kakteen in der Lage, unter den extremen Bedingungen der Wüsten, Steppen und kargen Berge des tropischen und subtropischen Amerika zu leben. Nur einige epiphytische Arten sind auf anderen Kontinenten zu finden: Afrika (Madagaskar) und Asien (Maskarenen und Sri Lanka).

AUFBAU

Die bekanntesten Kakteenarten sind entweder kugel- oder säulenförmig. Sie können so groß werden wie Bäume oder auch strauchförmig wachsen. Nur die Vertreter der entwicklungsgeschichtlich ältesten Gattung *Pereskia* entwickeln richtige Laubblätter, die während der Trockenzeit abgeworfen werden. Scheibenförmige oder kugelige Triebe finden wir bei den Pflanzen, die der großen Gruppe der Opuntien zuzurechnen sind.

Die wichtigsten Wuchsformen bei Kakteen:

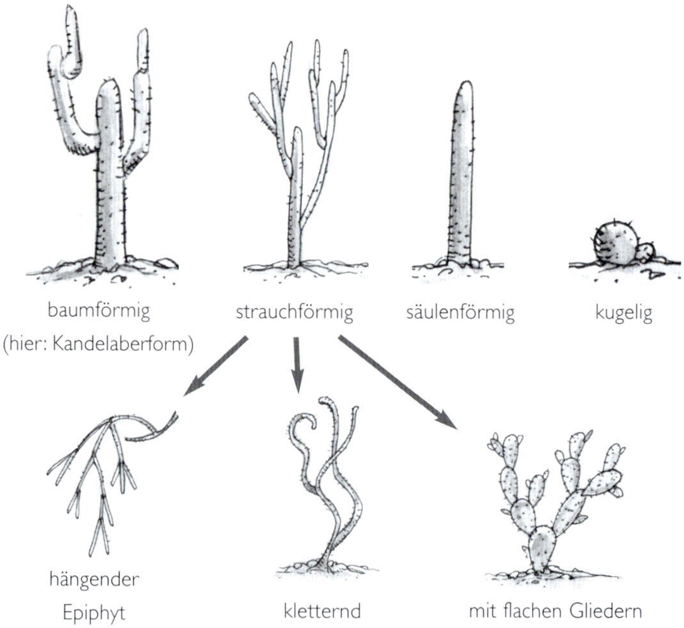

kennen lernen

AREOLEN UND GLOCHIDEN

Alle Kakteen haben Areolen. Hierbei handelt es sich um gestauchte Kurzsprosse mit zu Dornen, Borsten oder Haaren umgebildeten Blättern. Die Areolen sind durch Leitbündel mit der Sprossachse verbunden. Seitentriebe und Blüten werden an den Areolen gebildet. Nur bei den Vertretern der Gattung *Mammillaria* entwickeln sich die Blüten zwischen den Areolen an der so genannten »Axille«. Eine weitere Besonderheit, die wir nur bei den Opuntien und den entwicklungsgeschichtlich noch älteren Pereskien finden, sind die Glochiden. Dies sind büschelweise an den Areolen sitzende, nur wenige Millimeter lange, leicht brechende Dornen mit harpunenartigen Widerhaken. Bei Berührung bohren sie sich in die Haut, brechen ab und wandern bei jeder Bewegung immer tiefer. Sie machen den Umgang mit Opuntien sehr unangenehm.

Bei zahlreichen Arten sind die Areolen auf Rippen aufgereiht. Rippen erleichtern der Pflanze das Ausdehnen nach der Wasseraufnahme und das Zusammenziehen nach einer Reduzierung der in der Pflanze enthaltenen Saftmenge.

Die Areole, dieser helle Bereich, aus dem die Dornen wachsen, ist typisch für Kakteen (hier *Ferocactus emoryi*).

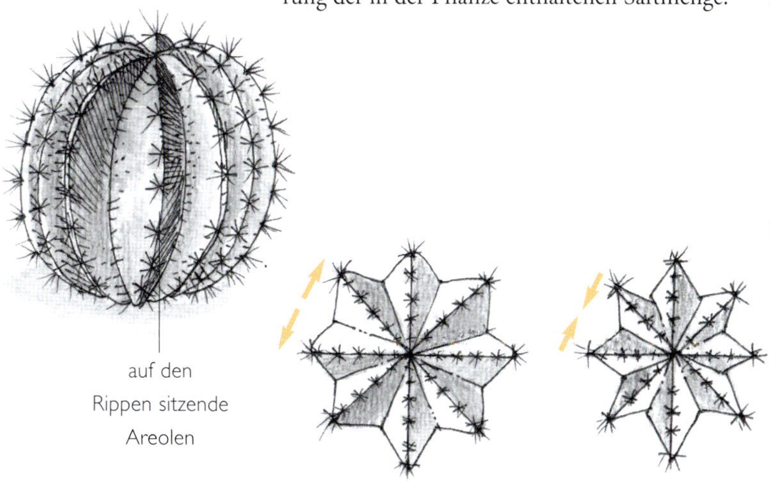

Die Rippen funktionieren bei den Kakteen wie ein Akkordeon und erleichtern Veränderungen des Volumens, was der Pflanze das Speichern von Wasser ermöglicht.

OBERIRDISCHE TEILE

Normale Laubblätter gibt es nur bei *Pereskia*. Bei wenigen Vertretern (wie *Cylindropuntia subulata* aus Peru) finden wir im Neutrieb sukkulente Blattrudimente, die aber früher oder später abgeworfen werden. Alle anderen oberirdischen Teile sind kugelige, säulenförmige oder aus Gliedern zusammengesetzte Sprosse (siehe Seite 7). Diese Glieder werden an beiden Enden von Einschnürungen begrenzt. Bei den *Cylindropuntia* besitzen die Triebteile oft eine bemerkenswerte Fähigkeit zur vegetativen Vermehrung. Von Natur aus ist jedes dieser Glieder ein potenzieller Ableger. Es kann sich im Fell vorbeiziehender Tiere verhaken und so über weite Strecken transportiert werden. Wenn es irgendwann auf den Boden fällt, bildet dieser Teil Wurzeln und es entsteht eine neue Pflanze.

Die in Form von Saft gespeicherte Wassermenge kann beträchtlich sein. So stellen bei den riesigen »Kandelabern« wie *Cereus*, *Neobuxbaumia*, *Pachycereus* oder *Carnegiea* die imposantesten Pflanzen Wasserspeicher von mehreren hundert Litern, ja sogar mehreren Tonnen dar. Damit sind die Kakteen für sehr lange, intensive Trockenperioden gewappnet.

Entwicklung der Triebe bei Kakteen (nach Götz und Gröner)

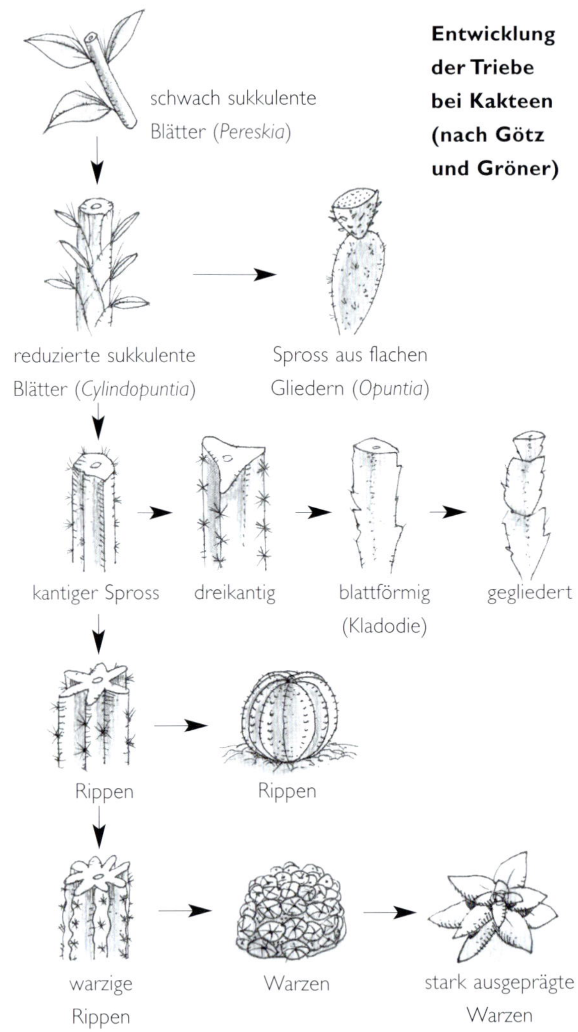

DIE WURZELN

Die meisten Kakteen haben ein ausgedehntes, flach streichendes Wurzelsystem, manche Arten jedoch weisen dicke Pfahlwurzeln (Rübenwurzeln) auf, die wichtige Speicherorgane sein können (*Ariocarpus*, *Lophophora*, *Copiapoa atacamensis* usw.).

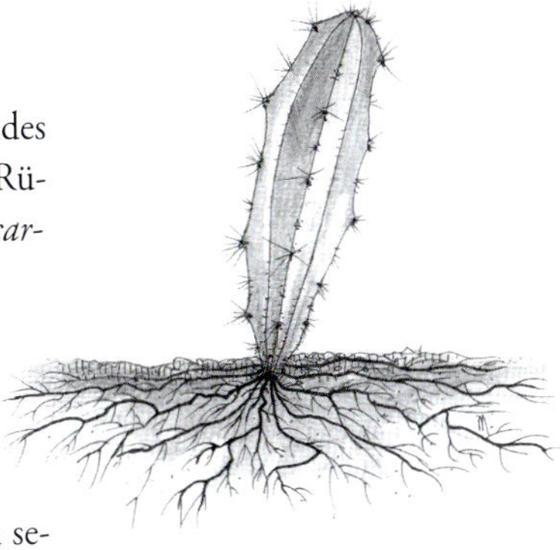

Flachwurzel (oberflächliches Wurzelsystem)

DIE BLÜTEN

Bei Kakteen sind die Blüten äußerst attraktiv. In der Natur ist die Bestäubung durch Insekten und Vögel (wie Kolibris, die vor allem durch kräftiges Rot, Gelb und Grün angelockt werden) ein sehenswertes Schauspiel. Die Kelch- und Kronblätter sind spiralförmig angeordnet und bilden am Blütenansatz eine Röhre. Der Fruchtknoten kann Areolen und mehr oder weniger schuppige Deckblätter tragen. Die zahlreichen Staubgefäße sind zum Teil in mehreren Reihen um den Stempel angeordnet. Schon im 19. Jahrhundert haben Naturforscher wie J. H. Fabre die Berührungsempfindlichkeit der Staubgefäße untersucht.

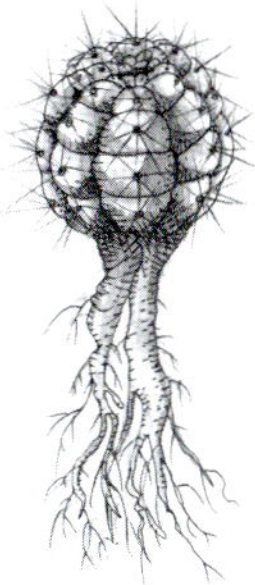

Pfahl- oder Rübenwurzel

Die Blüte ist bei Kakteen besonders reizvoll – und der Beweis dafür, dass ihr Besitzer ihnen die Kulturbedingungen bietet, die sie brauchen. Auf dem Foto: *Echinocereus fitchii* (Gärtnerei Estérel, Frankreich).

Rechte Seite:
Pachycereus weberi in seinem natürlichen Lebensraum in Mexiko (Staaten Puebla und Tehuacán).

Bei vielen Kakteenblüten kann man beobachten, dass sich die Staubfäden zum Stempel hin neigen, wenn die Pflanze von einem Insekt besucht wird.

Die Blüten der Kakteen benötigen für ihre Entwicklung und um sich öffnen zu können intensive Sonnenbestrahlung und Wärme. Wenn die Pollen auf die Narbe gelangen, können sie zur Befruchtung führen. Es entwickelt sich eine Beerenfrucht, die die meist zahlreichen Samen umschließt.

NATÜRLICHE STANDORTE

Experten gehen heute davon aus, dass die Entwicklung der Kakteen in der Karibik, damals noch Festland, ihren Anfang nahm. Die Variabilität dieser Pflanzenfamilie ermöglichte es ihr, sich an immer längere Trockenperioden anzupassen. Im Laufe von Jahrmillionen veränderte sich die Gestalt der Kakteen: Aus den ursprünglich belaubten Sträuchern wurden allmählich Pflanzen mit verdicktem Spross als Wasserspeicher. Blätter und Seitentriebe reduzierten sich zu Areolen, wodurch sich die Verdunstungsfläche erheblich reduzierte. Vielfältig sind die Entwicklungsstufen, die wir heute vorfinden. Scheibenkakteen, Säulenkakteen und Kugelkakteen, riesengroße Tonnenkakteen mit gewaltigem Speichervolumen oder kleine Kugelformen erweisen sich als wirksame Überlebensstrategien bei fehlenden Niederschlägen. Dank dieser Anpassungsfähigkeit konnten Kakteen extrem trockene Standorte besiedeln, die für Vertreter anderer Pflanzenfamilien keine Überlebenschancen boten. Manche Kakteen haben Gegenden besiedelt, deren Boden einen Teil des Jahres gefroren ist. So leben mehrere *Opuntia*-Arten, wie *O. compressa* oder *Coryphanta vivipara* in den kalten Breitengraden Kanadas. *Tephrocactus*- und *Pterocactus*-Arten sind in kalten Bereichen Patagoniens anzutreffen. Eisige Temperaturen in Hochlagen der Anden bis über 4000 m vertragen dort *Matucana-*, *Oroya-* und *Oreocereus*-Arten.

Doch die kakteenreichsten Zonen liegen in tropischen und subtropischen Breitengraden; vor allem dort, wo sich die Niederschlagsmenge zwischen 200 und 500 mm jährlich bewegt und es eine lang andauernde, ausgeprägte Trockenzeit gibt.

Die südlichen USA (besonders Arizona, New-Mexico, Texas und Kalifornien) beherbergen zahlreiche Kakteen-Arten. Mexiko weist die meisten solcher Gebiete auf, in denen drei Viertel aller vorhandenen

Die Pereskioideae sind die »primitivsten« Kakteen und werden heute als Urform für alle anderen angesehen (*Pereskiopsis diguetii*).

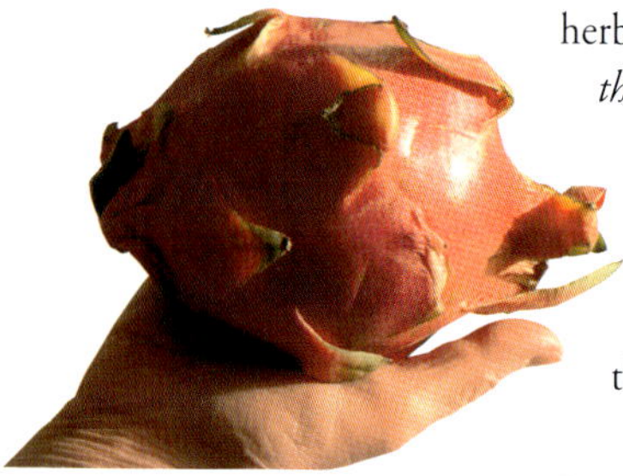

Pflanzen nur dort und an keinem anderen Ort der Welt vorkommen. Die Hochebenen im Norden und die Gebirgszonen im Süden Mexikos bergen in dieser Hinsicht wahre Schätze.

In Mittelamerika gedeihen in weniger trockenen Landstrichen eine Fülle epiphytischer Kakteen: *Aporocactus*, *Epiphyllum*, *Rhipsalis*, *Hylocereus*. Diese und weitere baumbewohnende Arten findet man an Standorten mit hinreichendem Niederschlag auch in Südamerika.

Sogar auf den amerikanischen Inseln findet man Kakteen. So beherbergen die Galapagos-Inseln imposante Arten wie *Jasminocereus thouarsii*, die 7 bis 8 m hoch wird, und *Opuntia galapageia* var. *gigantea*, die auf der Insel Santa Cruz 12 m Höhe erreicht. Auf den Antillen gedeihen verschiedene interessante Arten, die man in Kuba, Jamaika und auf den Kleinen Antillen antrifft, besonders *Hylocereus*-, *Opuntia*- und *Melocactus*-Arten. Epiphytische Arten wachsen häufig in Küstenwäldern.

VERWENDUNG

Die Pitahaya ist die Frucht von *Hylocereus triangularis* (Synonym: *H. undatus*), einem aus Jamaika stammenden Kaktus. Die rote Frucht wird gern gegessen und ist häufig im Handel zu finden (sogar in Europa).

Die prall mit Saft gefüllten Kakteen haben sicher bei Expeditionen in die amerikanischen Wüstengebiete manches Menschenleben gerettet. Auch Ziegenhirten bedienen sich gelegentlich durch »Köpfen« der Pflanzen des saftstrotzenden Gewebes dicker Kugelkakteen als Trank und Futter für ihre Tiere. Durch Selektion wurden besonders in Mexiko diverse Opuntien-Sorten ohne Dornen erzielt, die nun als Futterpflanzen in Trockengebieten einiger warmer Länder angebaut werden. In Australien haben sich eingeschleppte Kakteen so stark vermehrt, dass sie zuweilen regelrechte ökologische Katastrophen heraufbeschwören. Die mexikanischen Arten *Opuntia cochenillifera* und *O. tomentosa* sind in anderen Kontinenten eingeführt worden, um sie zur Zucht der Schildlaus *Coccus cacti* zu nutzen.

Bereits die Azteken kannten ein Verfahren, den in der Schildlaus enthaltenen roten Farbstoff zum Färben kostbarer Gewänder zu nutzen. Bis heute – und in jüngster Zeit wieder verstärkt – werden die Schildläuse gesammelt, um daraus Farbstoff zu gewinnen.

Der Feigenkaktus *Opuntia ficus-indica* aus Mexiko, der sich vor allem im Mittelmeerraum verbreitet hat, wird wegen seiner saftigen Früchte genutzt. *Opuntia vestita*, eine bolivianische Art, wird in Brasilien hauptsächlich wegen ihrer Samen angebaut, aus deren Öl Seife hergestellt wird. Auf sehr vielen Landmärkten in Amerika werden kleine und große Kaktusfrüchte angeboten, die von verschiedenen Gattungen wie *Myrtillocactus*, *Mammillaria* oder *Melocactus* stammen. Die Stämme von *Trichocereus thelegonus* dienen in West-Argentinien als Baumaterial. Manche Kakteen, die reich an unterschiedlichen Alkaloiden sind, haben eine halluzinogene Wirkung: *Trichocereus pachanoi* in Bolivien, Ecuador und Peru, *Lophophora williamsii* in Mexiko und den USA.

Selenicereus grandiflorus, die in Mittelamerika weit verbreitete »Königin der Nacht«, enthält Alkaloide und Glucoside, die von der pharmazeutischen Industrie wegen ihrer harntreibenden und herzstärkenden Eigenschaften verwendet werden. Die bis zu 10 cm langen Dornen von *Trichocereus pasacana* in Argentinien dienen als Nähnadeln. Eine wollige Faser, die mit Kapok vergleichbar ist, produzieren *Pilosocereus*- und *Cephalocereus*-Arten in Mexiko und auf den Antillen.

***L**ophophora williamsii*, besser bekannt unter dem Namen Peyotl (siehe S. 90).

Aus *Pachycereus marginatus* werden in Mexiko gern Hecken gepflanzt (siehe S. 46 f.)

Kakteen

Kakteen brauchen viel Licht und lieben direkte Sonne. Je nach Art benötigen sie mehr oder weniger hohe Temperaturen. Man sollte wissen, dass die meisten Arten eine deutliche Winterruhe halten. Während der sonnenärmeren Monate sind dann niedrigere Temperaturen wünschenswert. In dieser Zeit werden die Kakteen überhaupt nicht gegossen. So können sie lange gesund bleiben und reichlich blühen.

An der Mittelmeerküste, wie hier in dem prächtig angelegten Garten Jardin d'Eze, können Kakteen das ganze Jahr im Freiland wachsen.

ANSPRÜCHE AN KLIMA UND KULTUR

Die meisten Kakteenarten stehen den Sommer über am besten im Freien. Bei Frostgefahr müssen sie dann einen hellen Platz in der Wohnung oder im Gewächshaus erhalten.

KULTUR IM FREIEN

Die Klimaverhältnisse in Mitteleuropa unterscheiden sich hinsichtlich der Niederschläge, der Luftfeuchtigkeit, der Sonnenscheinstunden und der Tag- und Nachttemperaturen grundlegend von den Gegebenheiten an winterkalten Kakteenstandorten. Viele Kakteenarten vertragen in ihrer Heimat ohne Schaden beachtliche Frostgrade, müssen jedoch in unseren Breiten mehr oder weniger frostfrei, aber wenigstens vor Niederschlägen geschützt überwintert werden. In der Kakteenheimat sind die niedrigen Temperaturen meist verbunden mit sehr trockener Luft und intensiver Sonneneinstrahlung, die die Pflanzen am Tag wieder aufwärmt. In unseren Wintern verhängen dichte Wolken über Wochen den Himmel. Es fallen reichlich Niederschläge, die bei niedrigen Temperaturen und hoher Luftfeuchtigkeit kaum verdunsten, so dass der Boden immer feucht ist. Die Sonne scheint eher selten an den ohnehin nur kurzen Tagen. So erklärt sich, weshalb nur eine kleine Zahl von Kakteen-Arten in unserem Klima ganzjährig im Freiland kultiviert werden kann, und das auch nur an geschützten, sonnenexponierten Standorten mit guter Drainage.

Auch in unseren Gefilden ist es möglich, robuste Kakteenarten zu kultivieren, hier *Opuntia macrocentra* var. *violacea*.

Kakteen für die Freilandkultur in gemäßigten Gegenden

- **Bedingt frostharte Kakteenarten:**

Acanthocalycium spiniflorum
Echinopsis pasacana
Gymnocalycium baldianum
Gymnocalycium gibbosum
Mammillaria heyderi
Sclerocactus polyancistra
Austrocactus bertinii
Pediocactus knowltonii

- **Frostharte Kakteenarten:**

Escobaria vivipara
Coryphantha missouriensis
Echinocereus coccineus
Echinocereus engelmannii
Echinocereus triglochidiatus
Echinocereus viridiflorus
Echinocereus reichenbachii
Opuntia basilaris
Opuntia clavata
Opuntia platyacantha

- **Winterharte Kakteenarten:**

Opuntia hystricina
Opuntia erinacea
Opuntia humifusa
Opuntia fragilis
Opuntia phaeacantha
Opuntia imbricata
Opuntia polyacantha
Opuntia whipplei

Die oben angeführten Arten und deren Gruppierung nach Kälteverträglichkeit gilt nur beispielhaft. In Wirklichkeit gibt es viel mehr Arten, die Kälte oder unser Winterwetter vertragen. Eim Einzelfall muss man testen, denn jeder Standort bietet andere Voraussetzungen. Die Kältegrade allein sind nicht das Maß für die Freilandtauglichkeit einer Art.

Gegenden mit traditionellem Weinanbau sind besonders geeignet für die Freilandkultur bestimmter Kakteenarten. Aber auch in klimatisch weniger günstigen Landstrichen findet sich meist ein sonniger Platz mit guter Drainage, wo diese Kakteen ganzjährig ausgepflanzt wachsen. Zweckmäßig unterscheidet man zwischen frostharten und winterharten Kakteen. Dabei versteht man unter frostharten Kakteen die Arten, die wohl Temperaturen unter dem Gefrierpunkt durchaus vertragen, aber bei uns mit den damit verbundenen Klimafaktoren (vor allem Luft- und Bodenfeuchte) nicht leben können. In einem ungeheizten Gewächshaus oder in einer hellen Bodenkammer lassen sie sich aber recht gut überwintern. Wichtig ist, dass sie trocken bei möglichst geringer Luftfeuchtigkeit stehen. Winterharte Kakteen dagegen können bei guter Bodendrainage ohne Regenschutz im Freien ausgepflanzt überwintern.

KULTUR IM GESCHÜTZTEN RAUM

Wenn man über Räumlichkeiten verfügt, in denen die Pflanzen trocken und in der kalten Jahreszeit hell genug stehen, kann man viele Kakteen ziehen und eine ansehnliche Sammlung aufbauen. Optimal ist dafür ein Gewächshaus, doch auch in der Wohnung lassen sich durchaus Kakteen kultivieren, zumal sie widerstandsfähige und bis zu einem gewissen Grad anpassungsfähige Pflanzen sind.

IM GEWÄCHSHAUS

Für die Überwinterung oder als ganzjähriger Standort der Kakteen sind Gewächshäuser gut geeignet, denn hier bekommen die Pflanzen ausreichend Licht und die Temperatur kann auf die jeweiligen Bedürfnisse abgestimmt werden. Im Sommer ist eine effektive Lüftung ganz wichtig. Dazu müssen unten im Gewächshaus Öffnungen zum Einströmen der Frischluft sein. Oben in der Dachfläche oder im Giebel erlauben genügend große Klappen das Entweichen der warmen Luft. Für den Winter müssen alle Öffnungen dicht verschließbar sein. Gegen zu starkes Aufheizen durch die Sonne oder als Schutz für besonders empfindliche Pflanzen ist gegebenenfalls eine Schattierung vorzusehen. Es gibt dafür spezielle Schattiergewebe mit unterschiedlicher Lichtdurchlässigkeit.

Wie den Pflanzenporträts ab Seite 30 zu entnehmen ist, haben Kakteen sehr unterschiedliche Temperaturansprüche. Wenn möglich, sollte man entsprechend verschiedene Temperaturbereiche im Ge-

Eine sehr schöne Kakteensammlung (mit anderen Sukkulenten) im Gewächshaus.

wächshaus abteilen. Für die Überwinterung sehr vieler Arten ist eine Kalthausabteilung bereits ausreichend. Hier werden durch die Heizung Nachttemperaturen von mindestens 2 bis 6 °C gehalten. Die Tagestemperaturen sollten etwa 4 °C höher liegen, was meist schon durch die Sonneneinstrahlung erreicht wird. Wenn an trüben Tagen die Temperaturerhöhung ausbleibt, ist das auch in Ordnung.

– *In der Kalthausabteilung* finden die vielen Arten, die von der Hochebenen Mexikos oder den Höhenlagen der Anden stammen, einen guten Überwinterungsplatz. Für sie ist die Wachstumsruhe bei niedrigen Temperaturen während der lichtarmen Monate Voraussetzung für gesunden Wuchs und reichen Blütenansatz.

– *Im temperierten Gewächshaus* sollten die Nachttemperaturen nicht unter 8 °C sinken. Am Tag sollten je nach Sonnenintensität 12 bis 15 °C herrschen. Diese Temperaturen sind für die meisten wärmeliebenden Kakteenarten im Winter ausreichend.

– *Im Warmhaus* stehen nur die besonders wärmebedürftigen *Melocactus-*, *Discocactus-* und *Uebelmannia-*Arten, am besten ganzjährig. Auch die Aussaaten, zu bewurzelnde Stecklinge und frische Veredlungen finden hier ihren Platz. Im Warmhaus bewegen sich ähnlich wie in der Wohnung die Temperaturen zwischen 18 und 25 °C, wobei man aber eine deutlich höhere Luftfeuchtigkeit durch Versprühen von Wasser anstreben sollte. Im Sommer versucht man durch Luftbefeuchtung und durch Schattieren, die Temperaturen für die Pflanzen im erträglichen Bereich (also nicht wesentlich über 30 °C) zu halten. So wird man den Ansprüchen der aus feuchtwarmen, küstennahen Regionen stammenden Arten am besten gerecht.

Stellen Sie im Haus Ihre Kakteen so nahe wie möglich an ein helles Fenster, aber vor Zugluft geschützt.

IM WOHNHAUS

In hellen, sonnigen Wohnungen mit großen Fenstern bleiben viele Kakteen lange schön. Sie müssen jedoch so nahe wie möglich am Fenster stehen. Man darf nie vergessen, dass schon in geringem Abstand von einem Fenster nur noch die Hälfte des Tageslichtes ankommt, und in weiter zurückliegenden Teilen des Zimmers sogar nur 10 bis 20 %. Nur epiphytische Kakteen (siehe Seite 51) vertragen weniger helle Standorte und müssen vor direkter Sonnenbestrahlung geschützt werden.

Je nachdem, wie eine Wohnung geheizt wird, kann ihre Temperatur der im kalten, temperierten oder warmen Gewächshaus entsprechen (siehe Angaben bei den Pflanzenporträts).

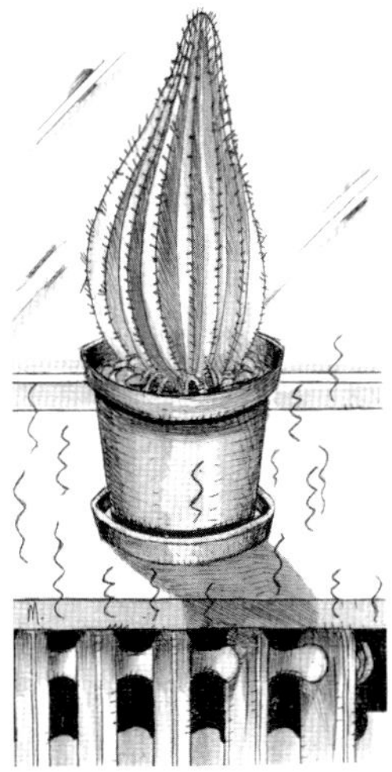

Die meisten Kakteen brauchen im Winter niedrigere Temperaturen und wollen nicht gegossen werden. Wird das nicht befolgt, zeigt die Pflanze wie auf der Zeichnung oben ein deformiertes Wachstum und erschöpft sich schließlich.

IM WINTER: EIN KÜHLERER RAUM

Allgemein gilt: Je weniger Licht die Pflanze erhält, desto niedriger muss die Temperatur sein. Schwächeres Licht führt bei der Pflanze zu geringerer Photosynthese (Stoffaufbau). Wenn dabei die Temperatur gleich bleibt, wird die Atmung (Stoffabbau) unvermindert fortgesetzt, was zur Folge hat, dass sich die Pflanze allmählich »verheizt«.

Es ist wichtig, dass die Luft im Winter so trocken wie möglich ist.

IM SOMMER: DRAUSSEN

Das Schlimmste, was einem Kaktus passieren kann, ist Lichtmangel, wenn er eigentlich wachsen und blühen will. Deshalb sollte man unbedingt eine Möglichkeit finden, die Kakteensammlung von Mitte Mai bis Mitte Oktober im Garten, auf dem Balkon oder vor dem Fenster unterzubringen. Die direkte Sonnenbestrahlung ist ebenso wichtig wie die nächtliche Abkühlung und natürliche Luftbewegung, die den Gasaustausch durch die Spaltöffnungen fördert. Jedoch muss Vorsicht walten, wenn Kakteen nach draußen umziehen: Sie dürfen nicht gleich zu starker, direkter Sonnenbestrahlung ausgesetzt sein. Am besten wählt man trübes, regnerisches Wetter für den Umzug. Sollte dann unerwartet doch die Sonne durchkommen, muss man schattieren und die Pflanzen erst allmählich an die direkte Sonne gewöhnen. Epiphytische Arten profitieren ebenfalls davon, wenn sie im Sommer ins Freie kommen, sofern sie ständig vor direkter Sonne geschützt werden. Ihre Freunde werden staunen, wenn Sie ihnen die prächtigen Blüten von *Epiphyllum* oder *Zygocactus* zeigen, die zwischen den Ästen eines Baumes herabhängen!

Im Sommer stehen Kakteen lieber draußen, wo sie von der direkten Sonnenbestrahlung, vom Regenwasser und den kühleren Nachttemperaturen profitieren.

DAS WICHTIGSTE ZUM THEMA KLIMATISCHE ANSPRÜCHE

- Kakteen brauchen einen möglichst hellen Platz (in der Wohnung: so nahe wie möglich an einem sonnigen Fenster).
- Kakteen brauchen im Winter je nach ihren heimatlichen Standortbedingungen unterschiedliche Mindesttemperaturen: Hochgebirgs-Arten 0–4 °C, für die meisten Arten aus Höhenlagen bis 800 m sind 6–10 °C ausreichend und für Arten von tropischen Standorten in Küstennähe sollten 15 °C nicht lang anhaltend unterschritten werden.
- Der Besitz eines Gewächshauses ist nicht zwingend für die Kakteenkultur erforderlich. Wichtiger ist für die meisten Arten, dass sie den Sommer über unter freiem Himmel stehen können. So wird man sie lange gesund erhalten und zum Blühen bringen.

ERDEN UND PFLANZSUBSTRATE

Kakteen wachsen in der Natur auf äußerst unterschiedlichen Böden. Doch glücklicherweise sind sie sehr anpassungsfähig, und so kann man sie in relativ ähnlichen Substraten kultivieren, was übrigens auch Kakteenspezialisten tun.

ÜBLICHES SUBSTRAT FÜR KAKTEEN

Als erste Regel gilt, dass durchlässige Erdmischungen verwendet werden. Ratsam ist eine Mischung, die sich in etwa so zusammensetzt:

- 1/3 durchlässige Anteile: Kies, grober Sand, Bims, Lavalit, Blähschiefer;
- 1/3 gewöhnliche Gartenerde, die Lehm und Humus enthält;
- 1/3 gesiebte, gut zersetzte Lauberde (zwei bis drei Jahre alt) oder Hochmoortorf.

Jeder kann aber seiner eigenen Erfahrung entsprechend andere Rezepte entwerfen. Kakteenmischungen aus dem Handel sollten geprüft werden, ob sie nicht zu viel Torf und Rindenkompost enthalten. Man merkt dies, wenn die Mischung sehr leicht erscheint.

Der Wurzelhals muss ganz besonders vor Staunässe geschützt werden, z. B. durch das Aufbringen einer Kiesschicht auf der Substratoberfläche.

Bei allen Kakteen sollte man Plastiktöpfe meiden, auch wenn diese bei Fachleuten üblich sind. Wenn Sie lange Freude an ihnen haben wollen, verwenden Sie lieber die durchlässigen Tontöpfe.

SUBSTRAT FÜR EPIPHYTEN

Epi-Kakteen (siehe Seite 51) lieben eine humose und nährstoffreiche Erdmischung. Sie kann zum Beispiel aus

- 1/3 Lauberde
- 1/3 grobem Sand
- 1/3 Torf bestehen.

Dazu sollten Hornspäne und etwa 1 bis 2 g Volldünger (z. B. Blaukorn) je Liter Erde eingemischt werden. Statt Lauberde kann auch gut verrotteter Pferdemist (Misterde) eingesetzt werden. In alten Rezepten werden getrocknete und zerriebene Kuhfladen als Zusatz empfohlen.

Auch hier ist letztendlich die eigene Erfahrung ausschlaggebend – aber auch die örtlichen Materialquellen. So eignen sich Farnwurzeln oder aufgearbeitete Kokosfasern gut als Zusatz statt des Torfs.

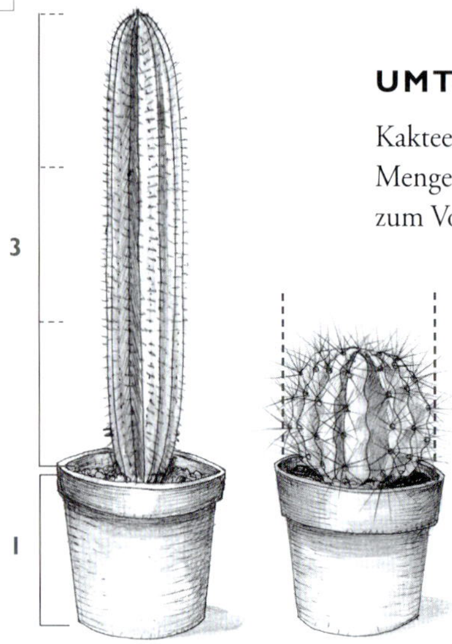

Optimales Verhältnis zwischen Topf und Pflanze

UMTOPFEN

Kakteen sind genügsam: Sie nehmen Nährstoffe nur in sehr geringer Menge auf. Oft könnte man meinen, dass die Töpfe im Verhältnis zum Volumen der Pflanzen zu klein sind. Nur alle zwei oder drei Jahre wird in ein etwas größeres Pflanzgefäß umgetopft. Selbst das Umtopfen in einen gleichgroßen Topf kann nützlich sein. Dazu muss der Wurzelballen aufgelockert und die verbrauchte Erde ausge-

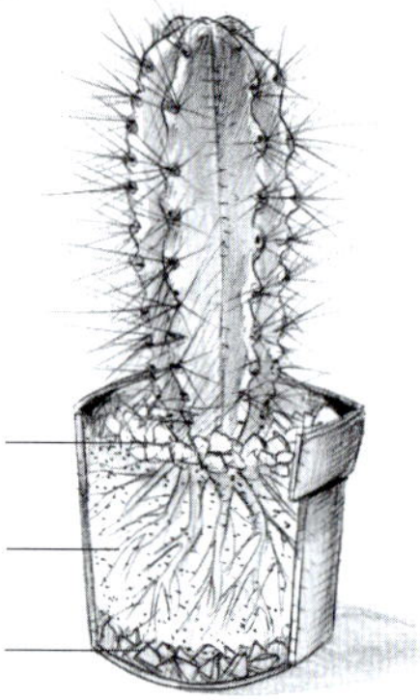

So wird umgetopft

1. Man nimmt die Pflanze aus dem Topf, indem man mit dessen Rand auf die Tischkante stößt, sodass sich der Wurzelballen von der Topfwand löst. Der Wurzelballen wird aufgelockert, notfalls durch Aufschneiden der außen verfilzten Wurzeln. Verbrauchte Erde und abgestorbene Wurzeln werden ausgeschüttelt.

2. Der so verkleinerte Wurzelballen wird wieder in den Topf (mit Loch) gehalten, auf dessen Grund man ein paar Tonscherben zur Dränage gelegt hat. Der Raum zwischen dem Wurzelballen und der Topfwand wird mit frischer Erde gefüllt und mit einem Pflanzholz festgedrückt.

3. Der Topf wird nicht ganz gefüllt, sondern man lässt einen kleinen Gießrand, in dem sich das Wasser beim Gießen sammelt und aufgesogen wird. Viele Kakteenfreunde füllen als oberste Schicht groben Quarzkies um die Pflanze. Er reduziert die Verdunstung und gewährleistet, dass der empfindliche Wurzelhals vor Staunässe bewahrt wird. Außerdem sieht es gut aus. Gegossen wird nicht sofort nach dem Umtopfen, sondern erst nach einer Woche, damit die unvermeidlichen Wurzelverletzungen verheilen können.

DAS WICHTIGSTE ZUM THEMA ERDE UND SUBSTRAT

- Kakteen brauchen ein gut durchlässiges Pflanzsubstrat, das für alle Arten etwa das gleiche ist, abgesehen von Epiphyten, die ein besonderes Substrat benötigen.
- Der Topf kann relativ klein sein.
- Topfen Sie Ihre Kakteen alle zwei bis fünf Jahre um. Wenn Sie Ihre Kakteen z. B. in Sand einfüttern, ist die Verwendung von Tontöpfen zu empfehlen, da sie mit der ganzen Oberfläche Wasser von der Umgebung aufnehmen. Sollen die Töpfe frei stehen, sind Plastiktöpfe günstiger, weil sie an ihrer Topfwand kein Wasser verdunsten und man folglich weniger gießen muss.

Zum Umtopfen werden oft Handschuhe oder Zeitungspapier verwendet.

schüttelt werden. Auch einen Teil der alten Wurzeln kann man entfernen, um Platz für frische Erde zu schaffen. Umgetopft wird im Frühjahr, vor oder gleich nach der Blüte.

GIESSEN UND DÜNGEN

Die Heimat der Kakteen sind fast ausnahmslos Gebiete mit mehr oder weniger langen Trockenzeiten. Entsprechend muss bei uns die Pflege – insbesondere das Gießen – darauf abgestimmt werden.

Für Menschen, die gern verreisen, ist die Kakteenkultur sehr vorteilhaft: Kakteen vertragen es problemlos, eine Zeitlang kein Wasser zu bekommen. Viel gefährlicher ist es dagegen, wenn man einen Kaktus zu reichlich und ohne Gespür gießt. Allzu leicht verfault er infolge der falschen Behandlung.

IM WINTER: NICHT GIESSEN

Dieses Prinzip sollte man sich merken! Die meisten Kakteenarten benötigen eine Winterruhe, während der sie nicht wachsen und folglich auch kein Wasser aufnehmen. Grundsätzlich wird von November bis Februar überhaupt nicht gegossen.

Richtiges Gießen erfordert etwas Fingerspitzengefühl: ab Oktober werden die Wassergaben verringert und dann nach und nach ganz eingestellt.

IM SOMMER: REICHLICH GIESSEN

Anfang März fängt man allmählich wieder mit dem Gießen an. Wenn die Pflanzen nach einer langen Ruhezeit plötzlich zu viel Wasser bekommen, kann das zum Anschwellen und anschließenden Platzen des Gewebes führen. Erst nach einsetzendem Wachstum müssen die Pflanzen regelmäßig gegossen werden. Bei warmem Sommerwetter sollte man besser abends gießen, damit die Pflanzen über Nacht und in den Morgenstunden das Wasser aufnehmen können. Über den Tag heizt sich die Erde stark auf und die verfügbare Feuchtigkeit verdunstet. Es ist sinnvoller, ein- oder zweimal wöchentlich reichlich als täglich ein bisschen zu gießen, denn alle Wurzeln, die über den gesamten Wurzelballen verteilt sind, müssen versorgt werden.

LUFTFEUCHTIGKEIT

Epiphytische Kakteenarten (siehe nebenstehendes Bild) lieben auch im Winter eine hohe Luftfeuchtigkeit. Dagegen ist für die »Steppenkakteen« eine möglichst trockene Luft wünschenswert, denn sie halten eine Winterruhe, während der sie nicht zum Wachsen angeregt werden sollen. Im Frühjahr hingegen fördert man die Zeit des Wachstums durch eine hohe Luftfeuchtigkeit. Mit leichtem Überbrausen abends oder kurz nach Sonnenaufgang kann man den Tau ersetzen, der am Heimatstandort für die Pflanzen eine große Rolle spielt.

Epiphyten stellen einen Sonderfall dar: Sie stammen aus feuchteren tropischen Waldgegenden und müssen regelmäßiger gegossen werden.

WASSERQUALITÄT

Sehr hartes, kalkhaltiges Wasser ist zum Gießen von Kakteen ungeeignet. Salzablagerungen im Boden, auf der Epidermis und auf den Dornen sind die Folgen. Nach Möglichkeit sollte man Regenwasser sammeln und zum Gießen verwenden. Besonders empfindlich sind Arten von Standorten mit verwittertem Granit, Lava, Basalt oder Schiefer. Wenn man keine optimalen Kulturbedingungen schaffen kann, die die Wurzeln erhalten, sollte man solche Arten sicherheitshalber auf eine robuste Unterlage veredeln.

DÜNGEN

Kakteen sollten nur selten gedüngt werden. Erst wenn die Nährstoffe aus dem Substrat aufgebraucht und die Pflanzen nicht umgetopft werden können (z. B. weil sie zu groß sind), kann man in der Wachstumsperiode pro Jahr drei bis fünf Düngergaben verabreichen. Der Dünger sollte nur wenig Stickstoff, aber dafür reichlich Phosphate und vor allem Kalium enthalten, z. B. im Verhältnis NPK = 1:3:5. Die notwendigen Spurenelemente sind meist in den üblichen Zusammensetzungen enthalten.

Blüte von *Matucana* spec.

DAS WICHTIGSTE ZUM THEMA GIESSEN UND DÜNGEN

- Die meisten Kakteen dürfen im Winter überhaupt nicht gegossen werden.
- Das Gießen wird ab März ganz allmählich wieder aufgenommen.
- In der Wachstumsperiode gießen Sie gelegentlich, dann aber reichlich.
- In Perioden zeitweiliger Abkühlung verdunstet weniger Wasser, folglich muss auch weniger gegossen werden.
- Zum Gießen verwenden Sie am besten Regenwasser.
- Regelmäßig umgetopfte Pflanzen müssen nicht gedüngt werden.

VERMEHRUNG

Aussaat

Mit dieser Methode lassen sich preisgünstig eine Menge Pflanzen erzielen. Ein Zimmergewächshaus leistet dazu gute Dienste. Es findet an einem hellen Fenster in der Wohnung seinen Platz. Gesät wird in Schalen oder flache Töpfe, die anschließend in das Zimmergewächshaus gestellt werden. Statt des Gewächshauses kann man auch einfach eine Glasscheibe über die Aussaatschale legen. Die Schale darf dann nur zu 2/3 mit Substrat gefüllt sein. Der günstigste Zeitpunkt für die Aussaat ist das zeitige Frühjahr, etwa von Februar bis April. Für die Aussaaterde gibt es sehr unterschiedliche Empfehlungen. Gut bewährt hat sich eine Mischung aus feinem Torf und Bims oder ähnlichem zu gleichen Teilen. Wichtig ist, dass die Mischung viel Wasser aufnehmen und speichern kann. Außerdem dürfen keine Sporen von Schadpilzen enthalten sein. Kann man dies nicht sicherstellen, ist es unerlässlich, das Substrat vor der Verwendung zu sterilisieren (dämpfen). Die Samen werden auf die glattgestrichene Substratoberfläche gleichmäßig verteilt und leicht angedrückt. Sehr positiv hat sich das Überstreuen mit einer dünnen Schicht Quarzsand (Körnung 1–2 mm) erwiesen. Das Wässern erfolgt zunächst durch Einstellen des Saatgefäßes in eine Schüssel mit Wasser, bis sich das Substrat voll gesaugt hat. Bis zur Keimung darf die Saatoberfläche keinesfalls austrocknen. Deshalb sollte man direkte Sonnenbestrahlung durch entsprechendes Aufstellen oder Schattierung vermeiden. Sorgen Sie für Temperaturen zwischen 22 und 28 °C am Tage. Nächtliche Abkühlung schadet nicht. Sind die meisten Samen gekeimt, was nach etwa 8 bis 20 Tagen der Fall sein dürfte, muss gelüftet werden. Die Glasplatte wird zunächst nur für Stunden abgehoben oder die Lüftungsschlitze im Gewächshaus werden geöffnet. Da das Aussaatsubstrat so gut wie keine Nährstoffe enthält, wird etwa einen Monat nach der Keimung mit einer 1 %-igen Volldüngerlösung gegossen. Im günstigsten Fall sind die Sämlinge nach drei bis sechs Monaten so weit gewachsen, dass sie pikiert (vereinzelt) werden können. Die größte Gefahr für eine Kakteenaussaat geht von niederen Schadpilzen (*Pythium* und *Phythophthora*) aus, die binnen weniger Stunden die Sämlinge in einer Schale vernichten können. Regelmäßiges Lüften und ausgewogenes Gießen sind wichtige vorbeugende Maßnahmen.

Stecklinge

Die Vermehrung durch Stecklinge wird vorwiegend bei säulenartig wachsenden Kakteen, bei allen Epi-Kakteen, bei den Opuntien und Pereskien angewendet. Bei den Kugelkakteen gibt es viele Arten,

Trichocereus pachanoi 'Cristata'

Pygmaeocereu[s] familiaris

die von sich aus Kindel bilden, die zum Teil noch an der Mutterpflanze eigene Wurzeln bilden. Bei anderen Arten ist es eher die Ausnahme, dass sich ein Seitenspross bildet. Um einen Steckling zu gewinnen, wird im ausgereiften, noch nicht verholzten Teil der Mutterpflanze mit einem ziehenden Schnitt das Kopfstück abgetrennt. Bei älteren Trieben kann das Leitbündel erhebliche Schwierigkeiten beim Schneiden bereiten, sodass man besser ein Sägemesser einsetzt. Aus lang gewachsenen Trieben kann man auch mehrere Teilstücke als Steckling schneiden. Dieses Verfahren findet besonders bei Epi-Kakteen Anwendung. Dabei muss man immer die Polarität des Stecklings beachten: das Triebende in Wurzelnähe wird später in die Erde gesteckt und das Ende, welches der Spitze näher war, weist beim Stecken nach oben. Sehr fleischige Stecklinge werden nach dem Schneiden aufrecht in eine Kiste gestellt, bis die Schnittfläche verheilt ist. Dieser Vorgang und die spätere Wurzelbildung wird durch Eintunken in Bewurzelungspulver sofort nach dem Schnitt wesentlich beschleunigt. Nach acht bis vierzehn Tagen werden die Stecklinge in eine sandige Erdmischung gesteckt. Stecklinge von Epi-Kakteen kann man auch unmittelbar nach dem Schneiden stecken. Das Substrat wird in der Anfangszeit nur mäßig feucht gehalten. Dagegen verhindert hohe Luftfeuchtigkeit eine unnötig starke Verdunstung. Deshalb sind die frischen Stecklinge auch gegen direkte Sonnenbestrahlung zu schützen. Gleichmäßige Wärme, am besten von unten, fördert die Wurzelbildung. Stecklinge von blühenden Pflanzen benötigen länger zur Wurzelbildung als Stecklinge von bereits abgeblühten Mutterpflanzen.

Pfropfen

Viele Kakteenfreunde lehnen veredelte Pflanzen in ihrer Sammlung als unnatürlich ab. Dennoch werden sie eingestehen müssen, dass Verluste hätten vermieden werden können, wenn wurzelempfindliche Arten als gesunde Pflanzen veredelt worden wären. Wenn man tief genug veredelt, ist nach einigen Jahren von der Unterlage nichts mehr zu sehen, sie ist quasi zur Wurzel geworden. Mann kann natürlich auch eine große Unterlage wählen, um einen kleinen Sämling oder Ableger in kurzer Zeit zu einer gigantischen Pflanze heranwachsen zu lassen. Cristatformen (Kammformen, siehe Abb. S. 26 li.) wachsen natürlich auch wurzelecht, aber auf einer hohen Unterlage kommen sie viel besser zur Geltung. Die chlorophylllosen Kultivare von *Gymnocalycium mihanovichii* (Seite 62) und *Lobivia silvestrii* (Seite 64) lassen sich überhaupt nur auf einer Unterlage am Leben halten, die für sie die Assimilation übernimmt.

Wichtigste Unterlagen

– *Opuntia bergeriana, O. ficus-indica, O. robusta* sind kräftige Unterlagen, die sich sehr gut für das Pfropfen von *Rebutia, Cleistocactus, Espostoa, Gymnocalycium,*

Pediocactus bradyi var. *knowltonii*

Pelecyphora pseudopectinata var. *rubriflora*

Copiapoa, Wilcoxia, Ferocactus, kleine Opuntien und schwächere *Tephrocactus*-Exemplare eignen, doch lässt sich die Form der Unterlage nicht immer leicht an Kugelkakteen anpassen.

– ***Myrtillocactus geometrizans, Eriocereus jusbertii:*** Unterlagen für sehr zahlreiche kugelige Arten und für Kultivare von *Gymnocalycium.*

– **Trichocereus macrogonus:** sehr gute Unterlage für *Cephalocereus senilis.*

– **Trichocereus pachanoi:** vor allem verwendet für das Pfropfen von dicken *Neoporteria* und *Copiapoa.*

– **Trichocereus spachianus:** wird sehr häufig als Unterlage für *Lobivia, Rebutia, Espostoa* und *Oreocereus* verwendet.

– **Echinopsis eyriesii:** Unterlage für kleinere Arten wie *Lobivia* und *Rebutia.*

– **Selenicereus grandiflorus** und **S. hamatus:** ausgezeichnete Unterlagen für *Schlumbergera* und ihre Kultivare.

Die Technik des Pfropfens

1. Die Unterlage muss für den Pfröpfling geeignet und gut in Trieb sein. Mit einem ziehenden Schnitt wird im ausgereiften Neutrieb der Kopf der Unterlage entfernt.

2. Die Rippen werden schräg nach unten abgeschnitten, damit später austreibende Seitensprosse die Veredlung nicht absprengen können.

3. Der Schnitt trocknet während der »Operation« nicht aus, wenn man ihn derweil mit einer Scheibe vom abgeschnittenen Teil schützt.

4. Von der Mutterpflanze wird ein Pfröpfling abgetrennt. Die Größe der Schnittfläche sollte etwa der der Unterlage entsprechen.

5. Nun stellt man den Pfröpfling auf die Unterlage; die Schnittflächen müssen noch saftig glänzen.

6. Um das Zusammenwachsen zu gewährleisten, müssen Unterlage und Pfröpfling unter mäßigem Druck zusammengehalten werden. Dazu verwendet man meist Gummiringe.

Pflanzenporträts

Um eine Pflanze eindeutig zu bezeichnen, bedarf es eines wissenschaftlichen (botanischen) Namens. Dieser besteht immer aus zwei Angaben: der groß geschriebenen Gattung und der klein geschriebenen Art. In der Gattung werden verwandtschaftlich nahestehende Arten, die in mehreren Merkmalen übereinstimmen, zusammengefasst.

In der Systematik steht über den Gattungen die Familie. Im Falle der Pflanzenfamilie der Kakteen unterscheidet man drei Unterfamilien: Pereskioideae, Opuntioideae und Cactoideae. Die systematische Klassifizierung der Arten soll sich an der Entwicklungsgeschichte (Evolution) orientieren. Die Abstammung der Arten ist aus den heute bekannten Endgliedern längst ausgestorbener Entwicklungsreihen nicht eindeutig zu bestimmen. So kommen die Botaniker bei der Zuordnung der Arten zu bestimmten Gattungen und bei deren Gruppierung zu unterschiedlichen Meinungen, was häufig zu verwirrenden Umbenennungen und Neukombinationen führt. Auch kommt es vor, dass Forscher und Botaniker unabhängig voneinander die gleiche Art mit unterschiedlichen Namen beschreiben. So entstehen immer wieder Synonyme, also unterschiedliche Namen für die gleiche Art. Als Pflanzensammler sollten wir uns dadurch nicht die Freude an den Kakteen nehmen lassen.

Im folgenden Teil werden Kakteen aus den drei Unterfamilien vorgestellt und deren Kulturansprüche kurz geschildert. Die Gruppierung wurde nach äußeren Merkmalen und nicht nach wissenschaftlichen Gesichtspunkten vorgenommen. Innerhalb der Gattung stehen die Arten in alphabetischer Reihenfolge.

Pereskioideae

PERESKIA SYNONYM: RHODOCACTUS

Wortherkunft: Dem französischen Naturforscher Nicolas-Claude Fabry de Peiresc (1580–1637) gewidmet.
Diese kaum sukkulenten Pflanzen bilden richtige Laubblätter aus und wachsen strauchförmig, baumförmig oder kletternd. Der Stamm und die Äste verholzen bald. In den Blattachseln finden wir die für Kakteen typischen Areolen. Sie beherbergen ganze Büschel von kurzen Glochiden, aber auch kräftige lange Einzeldornen. Die Blüten sind einfach gebaut und zeigen, dass die Pereskien am Anfang der Entwicklungsgeschichte der Kakteen stehen. Heute findet man Vertreter dieser Gattung als Wildwuchs in Mexiko, auf den Antillen, in Mittelamerika und in den lichten Wäldern Brasiliens. In Kultur werden sie bei mäßiger Wärme überwintert. Bei Trockenheit verlieren sie einen großen Teil der Laubblätter. So reduzieren die Pflanzen ihre Transpiration und damit ihre Wasserverluste. Im Frühjahr bilden sich bei ausreichender Wasserversorgung viele neue Blätter. Auf Grund ihres sparrigen Wuchses benötigen sie viel Platz und zählen deshalb nicht unbedingt zu den Lieblingen der Kakteensammler.

Zu dieser Unterfamilie gehören nur eine einzige Gattung und etwa 15 Arten, die alle normal ausgebildete Blätter mit Blattnerven haben. Ihr Stamm ist fast nie sukkulent.

PERESKIA ACULEATA, BARBADOS-STACHELBEERE

Wortherkunft: (lat.) *aculeatus* = »stachelig, Dornen tragend«.
Beschreibung: Entwickelt bis zu 10 m lange Triebe. Die ganzrandigen, frischgrünen Blätter werden bis 9 cm lang und 4 cm breit. In südlichen Breiten mit entsprechender Sonnenscheindauer erscheinen an den Pflanzen im Spätsommer weiße, duftende Blüten mit 3 bis 5 cm Durchmesser, aus denen sich im folgenden Frühjahr gelbe, essbare Früchte entwickeln.
Die Varietät *Pereskia aculeata* var. *godseffiana* hat in der Jugend kupferrote Blätter.
Natürliches Verbreitungsgebiet: Von den Antillen bis ins südliche Brasilien.
Kultur: Pflanze für volles Licht. Überwinterung im temperierten Gewächshaus, nicht ganz trocken. Im Sommer stellt man sie am besten ins Freie und stutzt die Triebe mehrmals im Jahr. Sie liebt eine nährstoffreiche, humose Erdmischung, ähnlich der für Epiphyten.
Ähnliche Art: *P. grandiflora* (Syn. *Rhodocactus grandiflorus*) aus Brasilien.

▲ *Pereskia humboldtii*

◄ Die Barbados-Stachelbeere kann am Spalier vor einer ausreichend hohen Mauer gezogen werden. Die Früchte sind dekorativ, schmecken aber nur einigermaßen. Die Pflanze dient teilweise als Unterlage, z. B. für *Schlumbergera*- und *Zygocactus*-Arten.

UNTERFAMILIE

Opuntioideae

OPUNTIA

SYNONYM: NOPALEA

Wortherkunft: Ungewiss; entweder von Opunte, der antiken griechischen Stadt, oder von Opuns in Indien, der Stadt, in der diese Pflanzen in Massen angebaut worden sein sollen.

Die Gattung ist mit über 200 Arten eine der repräsentativsten dieser Unterfamilie. *Opuntia* hat eine symbolische Bedeutung, da sie auf dem Landeswappen Mexikos mit einem Adler abgebildet ist, der auf einem Nopal sitzt und eine Schlange festhält (siehe Seite 5).

Es gibt sehr klein bleibende Opuntien, manche wachsen kriechend, meist aber stehen sie aufrecht, einige bis in mehrere Meter Höhe. Die Glieder sind flach und sukkulent; der Stamm ist bei baumförmigen Arten verholzt, um die Last der Krone tragen zu können. Die Blüten sind gelb, orange oder rot.

Opuntien sind in Amerika fast in allen Regionen anzutreffen; von 56° nördlicher bis 50° südlicher Breite. Sie kommen sogar bis in extreme Höhenlagen vor. In vielen Trockenregionen der Erde werden sie als Nutzpflanzen angebaut. Teilweise sind sie auf anderen Kontinenten verwildert und haben sich zu einer regelrechten Plage entwickelt.

Die Opuntioideae unterteilen sich in ein halbes Dutzend Gattungen mit einigen hundert Arten. Am bekanntesten ist die Gattung *Opuntia* mit flachen, runden oder ovalen, übereinander sitzenden Gliedern.

OPUNTIA CHLOROTICA

SYNONYM: O. TIDBALDI

Wortherkunft: Ihre Farbe lässt an eine Pflanze mit Bleichsucht (Chlorose) denken.

Beschreibung: 2 bis 2,50 m hoch wird diese Opuntie mit ovalen, graugrünen Gliedern und gelben Blüten im Spätfrühling.

Natürliches Verbreitungsgebiet: Trockene Bereiche Kaliforniens, Arizonas und New Mexicos.

Kultur: Diese Art wird sehr hell und trocken bei Temperaturen zwischen 4 und 8 °C überwintert.

◄ *Opuntia* spec.

Opuntia spec. ►

▲ Links: *Opuntia microdasys.* Rechts die Varietät *albispina.*

OPUNTIA MICRODASYS

Wortherkunft: Artname bedeutet »mit kurzen, kräftigen Haaren«.
Beschreibung: Sie wird bis zu 60 cm groß. Die Glieder sind dicht mit hellgelben Glochidenbüscheln besetzt. Ältere Pflanzen entwickeln bei intensiver Sonne gelbe Blüten im Sommer.
Natürliches Verbreitungsgebiet: Mittleres und nördliches Mexiko.
Kultur: Zum Topfen verwendet man die übliche Kakteenerde. Im Sommer verträgt *O. microdasys* volle Sonne. Im Frühjahr bis Sommer sollte man reichlich gießen und gelegentlich düngen. Zur Überwinterung sind Temperaturen zwischen 4 und 8 °C ausreichend, auf jeden Fall in dieser Zeit nicht gießen.

Neben der Art gibt es eine Vielzahl Varietäten mit andersfarbigen Glochidenbüscheln: *O. microdasys* var. *albispina* mit weißen Glochiden oder *O. m.* var. *rufida* mit rotbraunen Glochiden. Zwergformen halten sich besser in Kultur, wenn sie auf kräftigere Arten gepfropft werden.

◀ *Opuntia macracantha* (= »mit großen Dornen«) stammt aus Kuba.

OPUNTIA PILIFERA

Wortherkunft: (lat.) = »haartragend«.
Beschreibung: Die Glochiden dieser 2,50 bis 3,50 m hohen Opuntie sind mit feinen Haaren und weißlichen, 1 bis 1,5 cm langen Dornen versehen.
Natürliches Verbreitungsgebiet: Mexiko, Bundesstaat Oaxaca.
Kultur: Kühl aber hell überwintern. Ab Frühjahr reichlich gießen. Als Pflanzsubstrat empfiehlt sich eine sandige Kakteenerde mit Lehmanteil.

▲
◀ *Opuntia pilifera* in ihrem natürlichen Lebensraum in Mexiko.

CYLINDROPUNTIA

Wortherkunft: Nach der zylindrischen Form der Triebe benannt.
Wuchs aufrecht, zum Teil liegend, stark verzweigt. Die Areolen sitzen auf langgezogenen Höckern und tragen meist zahlreiche Dornen und Glochiden. Die Dornen sind mit Widerhaken versehen und können sehr unangenehm stechen. Um sich nicht zu verletzen, ist beim Umgang mit diesen Pflanzen unbedingt Vorsicht geboten. Die Gattung wird nicht von allen Botanikern anerkannt.

CYLINDROPUNTIA IMBRICATA

SYNONYME: OPUNTIA IMBRICATA, CACTUS IMBRICATUS, CEREUS IMBRICATUS

Wortherkunft: (lat.) = »dachziegelartig« (bezogen auf die Anordnung der Höcker).
Beschreibung: In der Natur wird sie bis 3 m groß, wobei sie dicke, stark bedornte Stämme ausbildet. In den großen Areolen sitzen zwischen zehn und dreißig, bis zu 3 cm lange Dornen. Blüten bilden sich am Triebende, die eiförmigen Früchte sind rosa.
Natürliches Verbreitungsgebiet: Von den trockenen Hochebenen der Gegend um Mexiko-City bis nach Arizona und Texas.

▲ Eine der Varietäten von *Cylindropuntia imbricata.*

Cylindropuntia echinocarpa ▶

Kultur: In Deutschland sind ausgesuchte Formen von *C. imbricata* winterhart und können in geschützten Lagen bei guter Drainage frei ausgepflanzt werden. Sie wachsen dann strauchförmig und erreichen unter günstigen Voraussetzungen eine Höhe von knapp 1 m.

TEPHROCACTUS

Wortherkunft: (griech.) *tephra* = Asche; Verweis auf die zuweilen aschgraue Farbe dieser Pflanzen.
Diese meist kleinen Gewächse bilden »Polster« aus kugeligen Trieben, die mit Dornen bewehrt sind. Etwa 35 Arten wachsen in den subtropischen Trockenregionen Südamerikas bis zur Magalhãesstraße und bis in hohe Andenbereiche. Es gibt Arten mit üppigem Haarwuchs oder mit breiten, hobelspanähnlichen Dornen.

TEPHROCACTUS DIADEMATUS

SYNONYM: OPUNTIA ARTICULATUS VAR. DIADEMATUS

Wortherkunft: (lat.) = »ein Band oder Diadem tragend«; Verweis auf das Aussehen der sehr dekorativen Dornen.
Beschreibung: Die Dornen dieser einige Zentimeter großen Pflanze mit flachen, länglichen Gliedern sehen aus wie aus Pergament. Cremefarbene oder hellrosa Blüten erscheinen im Spätfrühling.
Natürliches Verbreitungsgebiet: West-Agentinien.
Kultur: Die Pflanzen halten eine ausgeprägte Winterruhe. Dazu sind niedrige Temperaturen um 5 °C anzustreben. Die Wurzeln sind gegen zu viel Feuchtigkeit empfindlich, dennoch benötigen die Pflanzen im Frühjahr reichliche Wassergaben. Dabei sollten sie aber so hell und so warm wie möglich stehen. Gegen Staunässe verwendet man ein sehr sandiges Substrat.

▼ *Tephrocactus articulatus* var. *diadematus*

UNTERFAMILIE

Cactoideae

Gruppe I: Säulenkakteen

Als Säulenkaktus bezeichnet man ganz allgemein säulig wachsende Kakteen. Die Zuordnung ist also nicht wissenschaftlich exakt definiert. Ursprünglich hießen die Säulenkakteen *Cereus*. Im weiteren Verlauf der Kakteenforschung musste diese durch zahlreiche Neufunde immer umfangreicher werdende Sammelgattung in zahlreiche neue Gattungen aufgeteilt werden.

BORZICACTUS

Wortherkunft: Zu Ehren des Direktors des Botanischen Gartens in Palermo, Antonio Borzi.
Diese Kakteen wachsen mit vielen Rippen schlank-säulenartig aufrecht oder liegend. Die Zahl der Dornen ist sehr variabel, bei manchen Arten sehr groß. Auch die klimatischen Ansprüche sind ganz unterschiedlich. Alle Arten stammen aus Südamerika.

BORZICACTUS SAMAIPATANUS
SYNONYM: BOLIVICEREUS SAMAIPATANUS

Wortherkunft: Bezug auf die Herkunft aus Samaipata in der Kordillere von Cochabamba, etwa 1500 m hoch in Bolivien.
Beschreibung: Die 1,50 m hohen, 4 bis 5 cm dicken Säulen tragen 5 bis 25 mm lange Dornen. Im Sommer öffnen sich tagsüber kräftig rote, schlanke Blüten.
Kultur: Im Winter kühl bei mindestens 5 °C und trocken. Die Pflanzen sind leicht zu pflegen und sehr blühfreudig, wenn sie viel Sonne bekommen.

▼ *Borzicactus samaipatanus*

CEPHALOCEREUS

Wortherkunft: (griech.) *kephalê* = »Kopf«; Hinweis auf das »Cephalium«, ein Schopf aus dichten Borsten, in dessen Schutz sich Blüten und Früchte entwickeln. Es bildet sich am oberen Triebende, wenn die Pflanzen ins blühfähige Alter kommen. Sie wachsen eintriebig oder auch baumförmig. Manche Arten (z. B. *C. tetetzo*) bringen essbare Früchte hervor, deren Wohlgeschmack in ihrer Heimat geschätzt wird.

◀ *Cephalocereus columna-trajani* in Gesellschaft von *Nolina gracilis*.

CEPHALOCEREUS COLUMNA-TRAJANI
SYNONYM: C. HOPPENSTEDTII

Wortherkunft: Nimmt Bezug auf die Trajanssäule in Rom.
Beschreibung: Erreicht am Naturstandort bis zu 10 m Höhe. Die Neigung der Säule nach Norden, also die Wuchsrichtung vom Licht abgewandt, wird als »negative Lichtwendigkeit« (negativer Phototropismus) bezeichnet. Weiße Blüten erscheinen im Sommer an den recht stattlichen Exemplaren.
Natürliches Verbreitungsgebiet: Mexiko, Bundesstaat Puebla.
Kultur: Die Art gedeiht in einer Standard-Erdmischung wohl, Kalkgaben wirken sich günstig auf die Gesunderhaltung der Wurzeln aus. Im Sommer soll sie sehr sonnig und warm, möglichst unter freiem Himmel stehen, aber nur mäßig Feuchtigkeit bekommen. Im Winter kann die Temperatur auf 5 bis 6 °C absinken, denn es handelt sich um eine Art aus Höhenlagen. Auch unter optimalen Bedingungen wächst *C. columna-trajani* nur langsam.

▲ *Cephalocereus senilis*

CEPHALOCEREUS SENILIS

ist die einzige Art, die unumstritten der Gattung *Cephalocereus* zugerechnet wird.
Wortherkunft: »senil, greisenhaft (behaart)«. Weithin bekannt als »Greisenhaupt«.
Beschreibung: Die meist eintriebigen Säulen erreichen in ihrer Heimat bis 15 m Höhe und werden bis zu 40 cm dick. Das Markante dieser Art sind aber die dichten, langen, nach unten gerichteten, silbergrauen Borstenhaare. Ein Cephalium bildet sich erst, wenn die Pflanze eine Höhe von 6 m erreicht hat.
Natürliches Verbreitungsgebiet: Mexiko (Hidalgo bis Guanajuato) an steilen Hängen heißer, trockener Täler.
Kultur: Für ein gesundes Wachstum benötigen die Pflanzen viel Licht und Wärme. Auch im Winter sollten die Temperaturen nicht längere Zeit unter 12 bis 15 °C sinken. Als Pflanzsubstrat eine sandige, lockere Erdmischung mit einem geringen Lehmanteil verwenden. Nur sparsam gießen und im Winter besser ganz einstellen.

CLEISTOCACTUS

Wortherkunft: (griech.) *cleistos* = »geschlossen«, denn die röhrenförmigen Blüten scheinen an ihrem Ende geschlossen zu bleiben.
Die aufrechten oder liegenden Sprosse dieses Säulenkaktus' haben

zahlreiche Rippen mit Areolen, die dicht mit Dornen besetzt sind. Etwa 60 Arten sind beschrieben worden, alle aus Südamerika stammend.

CLEISTOCACTUS AUREISPINUS

SYNONYM: HILDEWINTERA AUREISPINA, LOXANTHOCEREUS AUREISPINUS

Wortherkunft: (lat.) *aurei* = »gold, goldgelb«, *spina* = »Dorn, Stachel«.
Beschreibung: Die 1,50 m langen, schlanken, verzweigten Säulen wachsen aufrecht, später hängend, weshalb sie auch gut als Ampelpflanzen geeignet sind. Die Dornen stehen dicht, sind zahlreich und leuchtend gelb. Sie verleihen der Pflanze ein äußerst dekoratives Aussehen. Dazu tragen auch die im Sommer erscheinenden intensiv roten Röhrenblüten bei.
Natürliches Verbreitungsgebiet: Bolivien.
Kultur: Leicht zu pflegen, im Winter hell und kühl, im Frühjahr und Sommer an einem sonnigen Platz regelmäßig gießen und gelegentlich düngen. Vermehrung durch Aussaat oder durch Stecklinge.

▲ *Cleistocactus aureispinus*

CLEISTOCACTUS SMARAGDIFLORUS

Wortherkunft: Der Blütensaum ist smaragdgrün.
Beschreibung: Die Sprosse wachsen aufrecht oder hängend. Sie bleiben schlank und werden bis zu 2 m lang. Im Frühling und Sommer erscheinen die typisch smaragdgrün gerandeten, roten Röhrenblüten.
Natürliches Verbreitungsgebiet: Nördliches Argentinien, Uruguay und Paraguay.
Kultur: Wie bei vorheriger Art beschrieben.

▼ *Cleistocactus smaragdiflorus*

WEITERE ARTEN

– In vielen Sammlungen ist *Cleistocactus strausii* zu sehen, ein Säulenkaktus, der 2 bis 2,50 m hoch werden kann, reichlich mit weißen Borsten und dünnen Dornen versehen ist und purpurviolette Blüten hervorbringt.
– Die Art *C. ritteri*, die erst 1962 beschrieben wurde, erreicht 1 m Höhe und hat zitronengelbe Blüten. Die Kultur ist die gleiche wie bei *C. aureispinus*.
Es ist neuerdings gelungen, bemerkenswerte Kreuzungen zwischen den Arten und Gattungen zu erzielen, besonders mit der Gattung *Echinopsis*.

◄ *Cleistocactus strausii*

▲ *Espostoa laticornua*

ESPOSTOA

SYNONYME: PSEUDOESPOSTOA, THRIXANTHOCEREUS

Wortherkunft: Von *esposto*, dem Namen der Pflanze in Peru.
Zehn bis zwölf Arten mit einigen Varietäten sind beschrieben worden. Die säulenförmigen Triebe entwickeln in der Natur ein seitliches Cephalium.

ESPOSTOA RITTERI

Wortherkunft: Nach Friedrich Ritter, einem Botaniker, der im 20. Jahrhundert zahlreiche Arten in Südamerika entdeckte.
Beschreibung: Wächst verzweigt und erreicht eine Höhe von 3 bis 4 m. Die Triebe sind dicht mit weißen Haaren umsponnen, durch die zahlreiche dünne graue bis bräunliche Dornen ragen. Aus dem länglichen Cephalium erscheinen weiße Blüten.
Natürliches Verbreitungsgebiet: Peru, in der östlichen Kordillere.
Kultur: Die Art verträgt im Winter Temperaturen bis an den Gefrierpunkt, kurzzeitig auch darunter, sofern die Pflanzen trocken stehen und sich in Ruhe befinden. Den Sommer verbringen sie am besten unter freiem Himmel bei viel Sonne und frischer Luft. Kultur in sandiger Erdmischung.

WEITERE ARTEN

– *Espostoa melanostele* var. *nana*: Der kleine Kaktus ist vollständig mit weißen, wolligen Haaren bedeckt.
– *Espostoa lanata* wird in Kultur 2 m und in der Natur doppelt so hoch. Die verzweigten Sprosse sind mit weißen Haaren bedeckt.

▶ Die kammartigen Formen (Cristatformen, Cristaten) bei mehreren *Espostoa*-Arten sind bei Sammlern sehr begehrt und werden schneller durch Pfropfen vermehrt.

MYRTILLOCACTUS

SYNONYME: ESCONTRIA, HELIABRAVOA

Wortherkunft: Der Name ist durch die Ähnlichkeit der Früchte mit Heidelbeeren (*Vaccinium myrtillus*) entstanden.
Alle Arten sind am Naturstandort baumförmig und haben wenige Rippen, kleine Blüten sowie kugelige, bläuliche Früchte.

MYRTILLOCACTUS GEOMETRIZANS

Wortherkunft: Der Name der Art unterstreicht den geometrischen Wuchs der Pflanze.
Beschreibung: In der Natur wachsen sie als breite »Bäume« mit ausgeprägtem Stamm und erreichen eine Höhe von etwa 4 m. Sehr attraktiv sind die dicken Triebe mit fünf oder sechs regelmäßigen Rippen in Bläulich bis Graugrün, die im Jugendstadium mit einer Wachschicht überzogen sind. Die Länge der Dornen ist variabel, wobei ein schwarzer Mitteldorn die anderen überragt.
Die weißlichen Blüten duften sehr angenehm.
Natürliches Verbreitungsgebiet: Zentral-Mexiko.
Kultur: Diese Art ist recht anspruchslos und durch Aussaat leicht zu vermehren. Die Überwinterung sollte kühl und trocken sein.
Reisetipp: Im Exotischen Garten von Monaco wachsen sehr schöne Exemplare!
Verwendung: Die Blüten sind roh oder gekocht essbar. Aus den Früchten werden Marmelade und Getränke hergestellt; sie können anstelle von Rosinen verwendet werden. Die Indianer nennen sie »tetepoanochtli«, was »Bergkakteen« bedeutet.

▲ *Myrtillocactus geometrizans*
▼ Die Kammformen (unten) sind wegen ihres Zierwerts sehr beliebt.

NEOBUXBAUMIA

Wortherkunft: Die Gattung ist nach dem österreichischen Botaniker Franz Buxbaum benannt.
Die säulenförmigen, einfachen oder verzweigten Pflanzen haben zahlreiche Rippen. Die Areolen sind oft wollig; die kräftigen, aber biegsamen Dornen sind an den blühenden Teilen weicher. Die glockenförmigen Blüten sind nachts (manchmal bis in den Morgen hinein) geöffnet und sitzen seitlich oder an der Spitze.

NEOBUXBAUMIA POLYLOPHA
SYNONYM: CEPHALOCEREUS POLYLOPHUS

Wortherkunft: (lat.) = »mit vielen Rippen«.
Beschreibung: In der Natur erreichen manche Exemplare 12 bis 15 m Höhe und 50 cm Stammdurchmesser. Manche entwickeln zuweilen über 40 Rippen. Die im Frühjahr erscheinenden fleischfarbenen Blüten sind sehr kompakt und beschuppt. Von dieser Art stehen im Exotischen Garten in Monaco einige sehr schöne, 6 m hohe Pflanzen (siehe Foto links).
Natürliches Verbreitungsgebiet: Mexiko.
Kultur: Diese schon im Jugendalter dekorative Art kann kühl überwintert werden. Sie ist leicht durch Aussaat zu vermehren. Nur an einem sehr sonnigen Standort entwickelt sie ihre volle Schönheit.

WEITERE ARTEN

– *N. mezcalaensis* aus Höhenlagen in südlicheren Staaten Mexikos bildet eine schlanke, steife Säule, die über 10 m hoch werden kann.
– *N. euphorbioides* wirkt mit weniger Rippen und unauffälligen Dornen graugrün. Bei ausreichendem Sonnenlicht bringen etwa 1,50 m hohe Säulen auch in unseren Breiten ihre kompakten rosa Blüten hervor.
– *N. tetetzo* wird in Mexiko wegen seiner wohlschmeckenden, feigenartigen Früchte (Tetetzo) geschätzt.

◀ *Neobuxbaumia polylopha* (Exotischer Garten in Monaco).

OREOCEREUS

SYNONYME: AREQUIPA, MATUCANA, MORAWETZIA

Wortherkunft: (griech.) *oros* = »Berg«; Bergkaktus. Dieser Säulenkaktus bildet oft mehrere Triebe, je nach Art 0,50 bis 2,50 m hoch. Die kräftigen, weißlichen Dornen besetzen dicht an dicht die Oberfläche. Im Sommer blühen tagsüber röhrenförmige, orangefarbene bis rote Blüten. Sechs südamerikanische Arten wachsen in Höhenlagen bis über 4000 m.

OREOCEREUS CELSIANUS

SYNONYME: PILOCEREUS CELSIANUS, OREOCEREUS NEOCELSIANUS

Wortherkunft: Kommen auf den höchsten Standorten vor; (lat.) *celsus* = hoch.

Beschreibung: Große Pflanzen verzweigen sich von der Basis her. Die Triebe werden 2 m und höher. Besonders im Scheitel sind sie silbergrau behaart. Die Haare können bis 5 cm lang, dicht und strähnig verflochten sein. Die Areolen tragen ein Filzpolster. Daraus ragen zahlreiche Dornen, der Mitteldorn ist besonders kräftig und kann bis 8 cm lang werden.

Natürliches Verbreitungsgebiet: Östlicher Teil der Anden in Peru, Bolivien und Nord-Chile.

Kultur: Diese Pflanzen aus den Bergen vertragen im Winter niedrige Temperaturen, kurzzeitig auch Frost, müssen dabei aber trocken stehen. Im Sommer sollten sie einen Platz an der Sonne im Freien erhalten. Blüten sind nur an alten, sehr sonnig kultivierten Pflanzen zu erwarten.

▲ Oben: *Oreocereus celsianus*

◀ Links: *Oreocereus trollii*

▲ *Pachycereus pringlei*

PACHYCEREUS

Wortherkunft: (griech.) *pachus* = »dick«; Pflanzen mit voluminösem, dickem Stamm.
Der Wuchs ist dicksäulig, im Alter verzweigt. Die Pflanzen können bis 10 m und höher werden. Die Triebe bilden zahlreiche Rippen, auf denen die Areolen mit vielen Dornen symmetrisch angeordnet sind.

PACHYCEREUS MARGINATUS

SYNONYM: MARGINATOCEREUS MARGINATUS

Wortherkunft: (lat.) *marginatus* = »gerändert, mit Rand versehen«; bezogen auf das Aussehen der Rippen.
Beschreibung: Die bis zu 6 m hohen Säulen sehen wie Orgelpfeifen aus, weshalb die Mexikaner diesem Kaktus den Namen *organo* gegeben haben. Die hellgrauen Areolen auf den fünf bis sieben Rippen sind miteinander verbunden, wodurch sie wie ein Perlband aussehen. Die Dornen sind nur ganz kurz.
Natürliches Verbreitungsgebiet: Mexikanische Hochebenen.
Kultur: Diese Art sollte im Winter bei etwa 5 bis 10 °C, aber dennoch trocken stehen. Im Sommer wünscht dieser Kaktus viel Wärme, sollte aber besonders vorsichtig an die Sonne gewöhnt werden. Die Pflanzen sind auch jung schon sehr dekorativ.
Verwendung: Die Art ist in Mexiko beliebt, weil sie regelmäßige, ansehnliche Hecken bildet. Das Fruchtfleisch ist essbar. Aus dem Fleisch der Sprosse wird Haarfarbe für ein schönes, sattes Schwarz hergestellt.

WEITERE ARTEN

– *P. pringlei* ist ein Riese, der 12 bis 15 m hoch wird und ebenfalls wegen seiner Früchte beliebt ist.
– *P. weberi* (Syn. *Lemaireocereus weberi*) ist in der Natur in Mexiko eine der spektakulärsten Pflanzen (siehe Foto Seite 11). Er bildet riesige »Kandelaber« von 10 m Höhe und hat große weiße Tagblüten.

Rechte Seite: *Pachycereu marginatus* wird in Mexik als Hecke gepflanzt.

▲ *Pilosocereus nobilis* am Naturstandort auf den Antillen.

PILOSOCEREUS

Wortherkunft: Der Name wurde aufgrund der behaarten Triebspitze gewählt. Unter der Gattung wurden mehr als 40 Arten beschrieben. Zu finden sind sie in den warmen Regionen von Mexiko, in Florida, auf den Antillen, in Ecuador, Guatemala, Kolumbien, Venezuela und Brasilien. Der Wuchs ist schlank-säulenartig, gelegentlich verzweigt. Die Triebe sind blau bereift. Aus den Areolen wachsen grauweiße Haare, die in der Blühzone ein Pseudocephalium (falsches Cephalium, mit Haaren und Dornen durchsetzte Blühzone) entwickeln.

PILOSOCEREUS NOBILIS

SYNONYM: CEPHALOCEREUS NOBILIS

Wortherkunft: Bezieht sich auf das stolze Aussehen der Pflanze.
Beschreibung: Die Pflanzen wachsen reich verzweigt und können 3 bis 7 m hoch werden. Die dunkelviolettgrünen Triebe haben 5 bis 7 Rippen und erreichen einen Durchmesser von 3 bis 7 cm. Die Areolen tragen 8 bis 12 Dornen, die Mitteldornen werden bis 4 cm lang. Die Behaarung ist locker, weiß, nur in der Blühzone büschelig.
Natürliches Verbreitungsgebiet: Antillen, vor allem in Küstenbereichen. Guadeloupe: Iles des Saintes (Allerheiligeninseln), La Désirade.
Kultur: Die Pflanzen benötigen ihrer Heimat entsprechend gleichmäßig Wärme und Luftfeuchtigkeit. Im Winter sind sie trocken zu halten, dafür benötigen sie im Frühjahr und Sommer regelmäßige Wassergaben Die Vermehrung ist durch Aussaat aber auch durch Stecklinge möglich.

▶ *Pilosocereus glaucescens*

▶▶ *Pilosocereus leucocephalus*

PILOSOCEREUS GLAUCESCENS

Wortherkunft: (lat.) *glaucus* = »graublau, blaugrün«; Farbe der Epidermis.
Beschreibung: Der 3 bis 4 m hohe Trieb ist wegen seines bläulichen Farbtons und der weißen Wolle auf dem oberen Teil bemerkenswert.
Natürliches Verbreitungsgebiet: Minas Gerais in Brasilien.
Kultur: Die Pflanzen benötigen Sommer wie Winter einen gleichmäßig warmen Stand. Im Frühjahr und Sommer sind sie reichlich zu gießen, im Winter dagegen trocken zu halten. Zur Ausbildung des arttypischen blaugrünen Reifbelags benötigen die Pflanzen direkte Sonnenbestrahlung.

▲ *Pilosocereus palmeri*

WEITERE ARTEN

– *Pilosocereus palmeri* stammt aus Mexiko und wird 5 bis 6 m hoch, hat bläuliche Sprosse und ist recht häufig in Sammlungen zu sehen.
– *P. leucocephalus* (Syn. *P. sartorianus*, *Cephalocereus leucocephalus*) aus der Sonora-Wüste in Mexiko. Bildet Büschel langer, weißer Haare. Die Ansprüche sind ähnlich denen der vorgenannten Arten, er ist aber nässeempfindlicher. Man muss ihn deshalb deutlich weniger gießen und ein möglichst durchlässiges Substrat verwenden.

▼ *Polaskia chichipe*

POLASKIA

Diese Gattung wird zuweilen zu *Lemairocereus* gerechnet. Sie ist nach dem Kakteenfreund C. Polask aus dem texanischen San Antonio benannt und hat nur eine Art.

POLASKIA CHICHIPE

Wortherkunft: *Chichipe, chichituna* ist die volkstümliche Bezeichnung der Art in Mexiko.
Beschreibung: Die Pflanze wächst baumartig verzweigt und erreicht eine Höhe bis zu 5 m. Die Triebe haben neun Rippen und werden bis 10 cm stark. Die Areolen tragen Dornenpolster mit sechs bis neun Randdornen und einem stärkeren Mitteldorn. Auf den mexikanischen Märkten sind die roten, essbaren Früchte von *Polaskia chichipe oft* zu sehen.
Natürliches Verbreitungsgebiet: Staaten Puebla und Oaxaca, in Höhenlagen.
Kultur: Anspruchslos, muss aber hell stehen. Verträgt im Winter einen kühlen Platz.

UNTERFAMILIE

Cactoideae

Gruppe II: Epiphytische Kakteen

Epiphyllum und *Selenicereus* (»Königin der Nacht«) sind unter Kakteenfreunden hinreichend bekannt und fast in allen Sammlungen zu finden. Die Vertreter der Gattung *Hylocereus* benötigen für ihre Entwicklung viel Platz und eine hohe Luftfeuchtigkeit.

Die Pflanzen dieser Gruppe wachsen epiphytisch, d. h. sie wurzeln in den Astgabeln großer Bäume und hängen herab oder ranken an den Ästen in die Krone der Bäume, um so ans Licht zu gelangen. Sie sind keine Schmarotzer, da sie Wasser und Nährstoffe aus den Humusablagerungen auf den Bäumen aufnehmen und nicht der Wirtspflanze entziehen.

APOROCACTUS

Wortherkunft: Von (griech.) *aporos* = »durcheinander«; Verweis auf die »ungeordneten« Triebe.

Dies ist der »Schlangenkaktus«, der »coanochtli« der amerikanischen Indianer. Aporokakteen kann man gut in Ampeln kultivieren. Ihre hängenden, dicht bedornten Triebe bilden eine angenehme Ergänzung zu den säulen- oder kugelförmig wachsenden Kakteen. Zudem bilden sie im Frühjahr zahlreiche Blüten. Besonders beliebt sind die zahlreichen Hybriden.

APOROCACTUS MARTIANUS

Wortherkunft: Nach Carl Martius benannt, der im 19. Jahrhundert Direktor des Botanischen Gartens in München war.

Beschreibung: Die Triebe können 2 m lang und 1 bis 2,50 cm dick werden. Im Sommer leuchten glänzende, rote Blüten.

Natürliches Verbreitungsgebiet: Mexiko in etwa 3000 m Höhe.

Kultur: Im Sommer halbschattig, am besten im Freien in Bäume hängen, regelmäßig gießen und gelegentlich düngen. Im Winter trocken und kühl halten, aber nicht längere Zeit unter 5 °C.

WEITERE ARTEN

– *Aporocactus flagelliformis* ähnelt der vorangehenden Art. Die Triebe sind dünner und feiner bedornt als bei *A. martianus*. Die Blüten sind bis zu 8 cm lang, schmal und karmesinfarben.

▲ *Aporocactus flagelliformis*

◄ Auf einer Eiche in etwa 2600 m Höhe im Norden Oaxacas: *Aporocactus martianus* in Gesellschaft von *Tillandsia*.

▶ *Epiphyllum* 'Hermosus'

▲ *Epiphyllum* 'Rose Queen'

EPIPHYLLUM

SYNONYM: PHYLLOCACTUS

Wortherkunft: (griech.) *epi* = »darüber« und *phyllon* = »Blatt«; beschreibt die blattartig verbreiterten Langtriebe.

Vom Grund her verzweigt. Sprosse zunächst rund, dann abgeflacht, zwei- oder dreikantig. Diese blattartigen Sprosse nennt man »Kladodien«. Sie werden nur einige Millimeter dick, 3 bis 10 cm breit, können aber über 1 m Länge erreichen. Der Rand ist glatt, gekerbt oder gebuchtet. Die Areolen tragen keine Dornen, nur gelegentlich Borsten. Die großen, weißen Blüten mit langem Kelch öffnen sich nachts.

Die zahllosen, zum Teil wunderschön blühenden Züchtungen gehen auf die tagblühenden *Nopalxochia* zurück.

NOPALXOCHIA ACKERMANNII

SYNONYME: EPIPHYLLUM ACKERMANNII, PHYLLOCACTUS ACKERMANNII

Wortherkunft: Zu Ehren des englischen Züchters Ackermann im 19. Jahrhundert.

Beschreibung: Die Blüten, die sich am Tage öffnen, sitzen an den endständigen Areolen. Von einer langen Röhre aus entfalten sich die Petalen und bilden eine Blüte mit 12 bis 15 cm Durchmesser. *N. ackermannii* ist eine Ausgangsart für zahllose Züchtungen.

Natürliches Verbreitungsgebiet: In Mexiko in Nebelwäldern zwischen 1500 und 2000 m Höhe, und im Süden bis nach Brasilien. Die in Südamerika bekannten Standorte gehen vermutlich auf verwilderte Kulturpflanzen zurück, da sie schon bei den Azteken als Zierpflanze kultiviert wurden.
Verwendung: Diese Art ist als Zierpflanze sehr beliebt. Sie war schon im vorspanischen Mexiko unter dem Namen nopalxochique-zalticquizi oder »scharlachrote Tuna-Blüte« bekannt.
Kultur: Sie liebt eine feuchtwarme Umgebung und sollte auch im Winter bei Temperaturen nicht unter 12 °C gehalten werden. Während der Wachstumszeit reichlich gießen und gelegentlich düngen, dagegen zur winterlichen Ruhezeit trocken halten. Ein Sommeraufenthalt im Freien wirkt sich positiv auf die Gesundheit der Pflanze aus. Sie sollte aber nicht der prallen Sonne ausgesetzt sein. In der Regel erfolgt die Vermehrung durch Stecklinge. Auf *Selenicereus* oder *Opuntia* veredelte Pflanzen bringen mehr Zuwachs und die Gefahr der Wurzelfäule ist behoben.

▲ Die Blätter mancher *Epiphyllum*-Arten sehen aus wie Farnblätter.

EPIPHYLLUM OXYPETALUM

Wortherkunft: (lat.) *petalum* = Blütenblätter; hier: »mit spitzen Kronblättern«.
Beschreibung: Die Pflanze kann am Naturstandort über 2,50 bis 3 m lange Triebe entwickeln. Aufgrund der Schönheit der 25 cm langen und 15 bis 20 cm breiten Blüten wird diese Art auch manchmal »Königin der Nacht« genannt (nicht zu verwechseln mit *Selenicereus grandiflorus*, S. 56). Die nächtlichen Blüten verströmen einen köstlichen Duft. Um bei uns zur Blüte zu kommen, benötigt sie einen optimalen Stand, also Temperaturen nicht unter 15 °C und eine hohe Luftfeuchtigkeit.
Natürliches Verbreitungsgebiet: Mexiko, Guatemala, Venezuela, Brasilien.
Kultur: Wie die vorangehende Art. Pflanzen, die zu ausladend werden, kann man nach der Blüte zurückschneiden.

▼ *Epiphyllum* spec.

HYLOCEREUS

Wortherkunft: (griech.) *hyles* = »Wald«; Waldcereus.

Wie eine Liane entwickelt dieser in den Bäumen oder auf Felsen wachsende Epiphyt lange, gegliederte und verzweigte Sprosse. Diese sind mehr oder weniger dreikantig und bringen sehr zahlreiche Adventivwurzeln hervor. Die nächtliche Blüte ist Aufsehen erregend.

▲ Oben und unten:
▼ *H. undatus*. Diese herrliche Pflanze kann eine ganze Wand eines Gewächshauses oder hellen Gebäudes bedecken, das gleichmäßig geheizt wird.

HYLOCEREUS UNDATUS

Wortherkunft: (lat.) *undatus* = gewellt; Hinweis auf das Aussehen der Rippen auf den Trieben.

Beschreibung: Der Spross hat dreikantige, 4 bis 6 cm breite Triebe mit sehr kleinen Dornen; die Pflanze wächst 8 bis 10 m hoch in den Bäumen oder an Felswänden. Die nächtliche Blüte ist herrlich.

Kultur: Zum guten Gedeihen benötigt diese Art einen feuchtwarmen Stand. Zum Topfen verwendet man eine nährstoffreiche, humose Erdmischung. Durch ihre zahlreichen Adventivwurzeln kann sie auch Feuchtigkeit und Nährstoffe aufnehmen. Die Vermehrung ist sehr einfach durch Stecklinge vorzunehmen. Außerhalb der Winterruhe muss die Pflanze stets feucht gehalten werden.

Verwendung: Ausgezeichnete Pfropf-Unterlage für andere Arten mit geringem oder mittlerem Durchmesser. Aus dieser Art wurden Sorten selektiert, die in tropischen Ländern zur Erzeugung der Pitahaya-Früchte kultiviert werden. Sie enthalten viel Vitamin C und dienen zur Saft- und Fruchteisherstellung.

RHIPSALIS

Wortherkunft: (griech.) *rhips* = »Rute, Flechtwerk«; weist auf das verflochtene Aussehen mehrerer Arten hin.
Die Sprosse dieses Epiphyten sind rund, kantig oder auch abgeflacht, aus kurzen oder längeren Gliedern zusammengesetzt und meist reich verzweigt. Ihre Früchte ähneln denen von Misteln, woher sich der Name »Mistelkaktus« ableitet.
Diese Gattung ist die einzige, die einige Vertreter auf anderen Kontinenten als Amerika hat.

▲ *Rhipsalis baccifera*

RHIPSALIS BACCIFERA

SYNONYM: R. CASSUTHA

Wortherkunft: (lat.) *baccatus* = »Beeren tragend«.
Beschreibung: Die gegliederten, sehr dünnen, hängenden Sprosse werden 1 bis 1,50 m lang und tragen zum Winterausgang kleine weiße Blüten, aus denen sich weiße oder rosa angehauchte Beeren entwickeln, die die Pflanzen bis zum Sommer schmücken.
Natürliches Verbreitungsgebiet: Nord- und Südamerika, Afrika, Madagaskar und Inselregionen bis Sri Lanka.
Kultur: Zum Topfen verwendet man eine nährstoffreiche, humose Erdmischung (Epi-Erde). Dieser Kaktus ist sehr anspruchslos und verträgt auch einen kühleren Stand, aber möglichst über 8 °C im Winter. Außerhalb der Ruhezeit regelmäßig gießen und übersprühen.

▼ *Rhipsalis crispata* aus Brasilien.

RHIPSALIS CRISPATA

Wortherkunft: (lat.) *crispatus* = gekräuselt.
Beschreibung: Die Sprosse bestehen aus flachen Gliedern mit hellgrünen, gewellten Rändern, die in der Sonne leicht rosa werden. Aus den kleinen Blüten entwickeln sich weiße Früchte.
Kultur: Wie bei der vorangehenden Art, doch ist diese hier kälteempfindlicher und fühlt sich in einem temperierten Raum wohl.

SELENICEREUS

Wortherkunft: (griech.) *selene* = »Mond«; Mondcereus.
Der Epiphyt mit langen, abgerundeten, gerippten Sprossen lebt auf Bäumen oder Felsen. Die Areolen entwickeln kurze Haare und Borsten. Aufsehen erregend sind die großen, nächtlichen Blüten: innen zahlreiche, leuchtend weiße Blütenblätter, umgeben von einem Strahlenkranz schmaler brauner Sepalen (äußere Blütenblätter). Die Blütenpracht hält jeweils nur eine Nacht. Es sind 20 aus Mexiko, Mittelamerika, Brasilien und von den Antillen stammende Arten beschrieben worden. Aus den Triebspitzen bestimmter Arten werden Alkaloide mit herzstärkender Wirkung gewonnen.
– *Selenicereus grandiflorus*, als »Königin der Nacht« sehr weit verbreitet, allerdings meist nicht als reine Art. Die Blüten können bis 30 cm groß werden und duften intensiv nach Vanille. Die Triebspitzen sind dicht in graubraune Borsten gehüllt.
Kultur: Die Heimat sind meeresnahe Wälder im Karibikraum. Deshalb lieben sie ausgeglichene Temperaturen, also auch im Winter möglichst nicht unter 15 °C. Im Frühjahr und Sommer regelmäßig gießen und düngen. Vermehrung durch Stecklinge oder aus Samen. Das Stutzen der Triebenden von großen Pflanzen fördert die Blütenbildung.

▼ Die »Königin der Nacht«, *Selenicereus grandiflorus*, ähnelt stark *Selenicereus kunthianus*. Die Blüte öffnet sich nur eine einzige Nacht lang, doch wird sie rasch von weiteren abgelöst.

SELENICEREUS KUNTHIANUS

Wortherkunft: Nach dem deutschen Botanikprofessor Carl Kunth (19. Jahrhundert) benannt.
Beschreibung: Die schlanken, aber kräftigen Sprosse können sehr lang werden. Die Areolen sind mit kurzen, seidenweichen Borsten besetzt. Die üppigen weißen Blüten, die sich in Sommernächten öffnen, erreichen 20 bis 25 cm im Durchmesser.
Natürliches Verbreitungsgebiet: Große Antillen, Haiti und Kuba.

WEITERE ARTEN

– *S. urbanianus:* stammt aus Mittelamerika. Es gibt zahlreiche Kreuzungen mit *Epiphyllum*-Arten und anderen epiphytischen Gattungen.

SCHLUMBERGERA

SYNONYME: ZYGOCACTUS, EPIPHYLLUM

Wortherkunft: Benannt nach dem belgischen Kakteensammler Friedrich Schlumberger (18. Jahrhundert).
Die Epiphytenpflanze aus tropischen Regenwäldern wächst auf Bäumen und Felsen. Sie verzweigt sich zu sehr kurzen, platten Gliedern, die aufrecht wachsen oder herabhängen. Die Blütenblätter sind seidig, im oberen Blütenbereich länger als im unteren.

SCHLUMBERGERA RUSSELIANA

Wortherkunft: Ehrt den amerikanischen Botaniker vom Ende des 19. Jahrhunderts, Paul Russel.
Beschreibung: Die 30 bis 40 cm langen Sprosse bestehen aus flachen, 3 bis 3,50 cm langen Gliedern; an ihrer Spitze haben sie sehr dünne Borsten. Rosa Blüten erscheinen im Frühling.
Natürliches Verbreitungsgebiet: Südosten Brasiliens.
Kultur: In eine humusreiche, sehr durchlässige Erdmischung topfen. Übersprühen Sie an heißen Sommertagen zur Kühlung mit kalkarmem Wasser. In der zweiten Jahreshälfte möglichst kühl (schattieren) und trocken halten, weil die Pflanzen in der Zeit Wachstumsruhe haben. Ein halbschattiger, vor Regen geschützter Platz im Garten bietet gute Voraussetzungen für den Knospenansatz. Wenn die Nächte kühler werden, muss sie wieder ins Haus geräumt werden. Ab Sichtbarwerden der Blütenknospen wird wieder regelmäßig gegossen.

▲▼ Von dem halben Dutzend bekannter Arten ausgehend sind zahlreiche Hybriden gezüchtet worden, von denen die bekannteste *S.* × *buckleyi* (Syn. *S. bridgesii*) ist, eine Kreuzung aus *S. russeliana* × *S. truncata*, die im 19. Jahrhundert gelang. Das ist der **Weihnachtskaktus**, der am Winteranfang blüht. Seine gegliederten Triebe werden bei älteren Exemplaren bis zu 60 cm lang. Zahlreiche Hybriden und Sorten sind von anderen Arten ausgehend selektiert worden. Dies sind sehr gute Pflanzen für helle Wohnungen, die gleichmäßig geheizt werden.

UNTERFAMILIE

Cactoideae

Gruppe III: Kugelkakteen aus Südamerika

In Südamerika findet man ganz unterschiedliche Trockengebiete mit jeweils charakteristischen Kakteengattungen. So beherbergen die trockenen Gebirgstäler und der Küstenstreifen Chiles eine einzigartige Kakteenflora. Auf den Höhenlagen der Anden bis über 3000 m wachsen unter anderen Zwergkakteen und in den weiten Trockengebieten im Landesinneren wachsen die verschiedensten Kugelkakteen, zum Beispiel der Gattungen *Echinopsis, Gymnocalycium, Notocactus* oder *Parodia.*

COPIAPOA

Wortherkunft: Aus der Provinz und um die Stadt Copiapo in Chile stammend.
Die kugeligen, zuweilen zylindrisch wachsenden Pflanzen stehen einzeln oder bilden vielköpfige Gruppen. Die Rippen sind manchmal mit einer hellen Wachsschicht überzogen. In unseren Breiten sind sie nur bei ausreichender Sonne zum Blühen zu bringen. Trotzdem machen die zum Teil stark kontrastierenden Dornen die Pflanzen äußerst attraktiv. Die Gattung ist ein ausgezeichnetes Beispiel für die Fähigkeit der Kakteen, umweltbedingte extreme Trockenheit zu ertragen. 20 Arten sind beschrieben worden.

COPIAPOA CINEREA

Wortherkunft: Verweist auf das Aschgrau der Epidermis (lat. *cinereus* = »aschgrau«) .
Beschreibung: Der kugelige Körper hat 10 bis 15 cm Durchmesser. Die abgeflachten Rippen tragen vor allem in der Scheitelzone wollige Areolen. Eine natürliche Wachsausscheidung trägt zur Verringerung der Verdunstung bei. Die gelben Blüten entwickeln sich im Schutz der Scheitelwolle und erscheinen im Spätsommer.

Copiapoa cinerea ▶

◀ Eine Sammlung *Echinopsis*-Hybriden

Natürliches Verbreitungsgebiet: Atacama-Wüste im Nordwesten Chiles.
Kultur: Da diese Art sich unter Bedingungen extremer Trockenheit entwickelt hat, ist die Kultur schwierig. In ihrem Höhenbiotop bekommen diese Pflanzen manchmal jahrelang keine Niederschläge, und sie sind sehr intensiver Sonneneinstrahlung ausgesetzt. Entsprechend ist ein vollsonniger, warmer Standort nötig. Als Kultursubstrat verwendet man eine sehr wasserdurchlässige mineralische Mischung. Mann sollte sehr vorsichtig gießen und darauf achten, dass der Scheitel trocken bleibt. Im Hochsommer ist das Wässern ganz einzustellen. Die eigentliche Vegetationszeit fällt in unseren Spätsommer und Herbst. In der Zeit sollte man für etwas Feuchtigkeit von unten her sorgen. Die Vermehrung erfolgt durch Aussaat in eine sandige Substratmischung.

▼ Unten: *Echinopsis mamillosa* mit weißen Blüten und die rot blühende Varietät *kermesina*.

ECHINOPSIS

Wortherkunft: (griech.) *echinos* = »Igel« und *opsis* = »Ähnlichkeit«.
Kugelige, zuweilen zylindrische, aber nicht sehr hohe Pflanzen mit ausgeprägten Rippen. Sie sind beliebt, da sie fast keinen Pflegeaufwand benötigen und wunderschöne, große, langröhrige Blüten bilden.

ECHINOPSIS MAMILLOSA

Wortherkunft: Bezug auf die Unterteilung der Rippen in Warzen.
Beschreibung: Der kugelige Körper hat über 30 mehr oder weniger warzige Rippen. Darauf sitzen Areolen mit gelblichen Dornenpolstern. Die weißen, zuweilen rosa angehauchten, langröhrigen Blüten erscheinen seitlich aus den Rippen und halten zwei bis drei Tage. In vielen Sammlungen findet man die sehr schöne Varietät *E. mamillosa* var. *kermesina* mit roten Blüten. Ursprünglich wurde sie unter dem Namen *Lobivia kermesina*, dann *Pseudolobivia kermesina* beschrieben.
Natürliches Verbreitungsgebiet: Argentinien und Bolivien.
Kultur: Anspruchslos, im Winter kühl aber hell. Sie verträgt auch Temperaturen nahe 0 °C. Dagegen verliert sie bei zu warmem Stand und fehlendem Licht ihre kugelige Form und treibt dünn durch. Es ist ratsam, die Pflanze mit etwas Feuchtigkeit zu versorgen, wenn am Winterende die Temperatur aufgrund der Sonneneinstrahlung ansteigt.
Zum Topfen verwendet man eine durchlässige, aber doch gehaltvolle Erdmischung.

WEITERE ARTEN

– *E. huottii* mit weißen oder *E. nigra* mit rosa Blüten (beide aus Bolivien). Durch Kreuzung mit anderen Gattungen, besonders mit *Lobivia,* sind schon eine Vielzahl schöner Sorten mit bemerkenswerten Blüten gezüchtet worden.

▲ *Echinopsis nigra*

GYMNOCALYCIUM

Wortherkunft: (griech.) *gymnos* = »nackt« und *calyx* = »Blütenkelch«, bezieht sich auf die Morphologie der Blüte.
Die Pflanzen wachsen kugelförmig, in der Regel nicht in Gruppen. Ihre Rippen sind zum Teil in Höcker aufgelöst, zwischen denen die Areolen sitzen. Die Blüten erscheinen aus dem Scheitel je nach Art vom zeitigen Frühjahr bis zum Sommerende in Cremeweiß, Gelb, Rot oder Rosa. Diese Pflanzen sind schon wegen des Aussehens, aber besonders aufgrund ihrer üppigen Blüte beliebt. Es gibt etwa 50 Arten und etliche schöne Kultivare.

GYMNOCALYCIUM HORSTII

Wortherkunft: Benannt zu Ehren seines Entdeckers Leopold Horst.
Beschreibung: Die fünf bis sechs Rippen der kugeligen Pflanze mit 10 bis 12 cm Durchmesser sind durch tiefe Rillen begrenzt. An Sommertagen erscheinen weiße bis rosa Blüten.
Kultur: Langsam wachsend, aber pflegeleicht. Im Winter genügen Temperaturen von 5 bis 8 °C. Im Sommer nicht vollsonnig aufstellen, da die wenigen, anliegenden Dornen kaum Schutz vor Sonne bieten. Als Kultursubstrat durchlässige Erde mit wenig organischen Bestandteilen verwenden. Im Winter nur selten und sparsam gießen.

▼ *Gymnocalycium horstii*

GYMNOCALYCIUM MIHANOVICHII

Wortherkunft: Der Name ehrt M. Mihanovich, einen Mäzen, der zu Beginn des 19. Jahrhunderts zur Entdeckung mehrerer Arten beitrug.
Beschreibung: Dieser grünbraune, olivgrüne oder rotgrüne Kugelkaktus mit 6 bis 8 cm Durchmesser hat meist acht gekielte Rippen, die quer gebändert sind. Es gibt zahlreiche Varietäten.
Natürliches Verbreitungsgebiet: Gran Chaco in Paraguay.
Eine Besonderheit ist die als 'Rubra' bezeichnete, leuchtend rote Mutation. Sie besitzt kein Chlorophyll und kann deshalb nur als Veredlung am Leben gehalten werden. Der japanische Gärtner E. Watanabe entdeckte 1941 zwischen Tausenden von Sämlingen einige auffällig gefärbt Exemplare, die er sofort pfropfte und so vermehren konnte. Heute gibt es eine ganze Palette dieser gepfropften Kultivare im Handel in den Farben Goldgelb, Lachsrot, Rosa, Karminrot oder Braun.
Kultur: Als Unterlage für die farbigen Formen von *G. mihanovichii* wird in der Regel ein *Hylocereus* verwendet, der auch im Winter Temperaturen über 12 °C verlangt. Ebenso soll die Erdmischung den Bedürfnissen der Unterlage entsprechen, als humos sein. Sollte die grüne Unterlage einen Nebentrieb entwickeln, muss man diesen mit einem scharfen Messer abschneiden, damit die Unterlage weiterhin den Pfröpfling versorgt. Der chorophylllose Kopf verträgt keine intensive Sonnenbestrahlung.

▼ Die farbigen Kultivare von *G. mihanovichii* werden als Kindel veredelt. Geeignete Unterlagen sind: *Hylocereus undatus*, *Myrtillocactus geometrizans* oder *Trichocereus spachianus*.

LOBIVIA

Wortherkunft: Anagramm zu Bolivia, da viele Arten dieser Gattung aus Bolivien stammen.

Die Pflanzen sind kugelig, im Alter auch zylindrisch. Ihre zahlreichen Rippen sind mit vielen, sehr unterschiedlich langen Dornen bewehrt. Besonders prächtig sind die Blüten in kräftigen Farben, vor allem in Gelb-, Rot- und Orangetönen. Der Farbton kann innerhalb der Art stark variieren. *Lobivia* finden wir in Bolivien, in Nordargentinien und in Peru. Über 150 Arten sind beschrieben worden. Da eine klare Abgrenzung zur Gattung *Echinopsis* nicht möglich ist, fasst man neuerdings alle Arten unter dieser Gattung zusammen. Sie sind sehr blühfreudig, wenig kälteempfindlich, und sie bringen reichlich Kindel hervor, was ihre Vermehrung erleichtert.

▼ *Lobivia oreopepon*

LOBIVIA OREOPEPON

SYNONYM: SOEHRENSIA OREOPEPON

Wortherkunft: (griech.) *oros* = »Berg« und *pepon* = »Melone«.

Beschreibung: Die Pflanze, die 50 cm hoch und 30 cm dick werden kann, hat die Form einer kleinen Tonne. Alte Exemplare haben bis zu 30 Rippen. Manche Dornen sind kurz und steif, andere sind biegsam und können 7 cm lang werden. Die Blüten leuchten gelb, bei manchen Varietäten auch rot.

Kultur: Verträgt im Winter Temperaturen bis nahe 0 °C, muss aber trocken gehalten werden. Gedeiht im Sommer am besten unter freiem Himmel. Eine mineralische, gut wasserdurchlässige Erdmischung ist empfehlenswert.

LOBIVIA SILVESTRII

SYNONYME: CHAMAECEREUS SILVESTRII, ECHINOPSIS CHAMAECEREUS

Wortherkunft: Filippo Silvestri gewidmet, einem Freund des gelehrten Kakteenspezialisten Spegazzini.
Beschreibung: Die kleine, säulenförmige Art wird höchstens 15 cm hoch und 2,5 cm dick. Zahlreiche Rippen mit sehr dicht gedrängt sitzenden Areolen sind mit kurzen, seidigen Dornenpolstern besetzt. Die weit geöffneten, leuchtend roten Blüten erscheinen zahlreich vom Frühjahr bis in den Sommer. Voraussetzung ist eine kalte, trockene Überwinterung. Sofern gut abgehärtet, vertragen die Pflanzen auch kurzzeitig etwas Frost. Im Sommer sollten sie luftig und sonnig stehen.
Natürliches Verbreitungsgebiet: Provinz Tucumán in Argentinien.
Kultur: Die Pflanzen lieben eine sandige, aber nährstoffreiche Erdmischung. Die Vermehrung ist durch Abnahme von Sprossen leicht. Diese Art wird oft gekreuzt, besonders mit *Lobivia famatimensis*, was kräftigere Pflanzen ergibt.

Chamaecereus (Lobivia) silvestrii

▲ *Chamaecereus (Lobivia) silvestrii*: Die Mutationen ohne Chlorophyll (Blattgrün) mit gelben Sprossen überleben nur durch Pfropfen. Das gleiche gilt für *Gymnocalycium mihanovichii*: Es ist ratsam, sie vor direkter Sonnenbestrahlung zu schützen.

WEITERE ARTEN

– *Lobivia pseudocachensis* (Syn. *Neolobivia nealeana*) ist eine hübsche, Gruppen bildende Art aus der Provinz Salta in Argentinien.
– *Lobivia incaica* (Syn. *Neolobivia incaica*) mit rubinroten Blüten, wächst in Peru bis in 3400 m Höhe und verträgt bei ausgesprochen trockenem Stand Frost.
– *Lobivia cinnabarina*, eine bolivianische Art mit karminroten Blüten, wird in Europa seit Mitte des 19. Jahrhunderts kultiviert.
– *Lobivia tiegeliana* aus Südbolivien bringt schöne rosa Blüten mit einem Hauch Violett hervor.

Lobivia draxleriana ▶

MATUCANA

Wortherkunft: Vom Namen eines Dorfes in den östlichen Kordilleren Perus bei Lima, wo die erste zu dieser Gattung gehörende Art gefunden wurde.
20 kugelige oder auch zylindrische Arten sind beschrieben worden.

MATUCANA YANGANUCENSIS

Wortherkunft: Stammt aus Yanganuco, Cordillera Blanca, Peru.
Beschreibung: Kugelig, 10 bis 15 cm Durchmesser, 20 bis 30 Rippen mit zahlreichen dünnen, mehr oder weniger dunklen Dornen. Die grünlichroten, schmalröhrigen Blüten erscheinen vom Frühjahr bis zur Sommermitte. In der Natur kommen verschiedene Formen vor. Die Varietät *M. yanganucensis* var. *fuscispina* (Cordillera Negra, Peru) hat tief dunkelbraune Dornen und ist wegen ihres eigenartigen Aussehens bei Sammlern begehrt.
Kultur: Die Vermehrung erfolgt durch Aussaat. Die Pflanzen sind gegen Staunässe sehr empfindlich. Deshalb verwendet man als Topfsubstrat eine gut wasserdurchlässige Erdmischung. Die Winterruhe bei trockenem Stand und Temperaturen um 10 °C ist nötig. Im Sommer ist ein luftiger, aber nicht vollsonniger Stand für das Gedeihen der Pflanzen günstig.

▼ *Matucana yanganucensis* var. *fuscispina*

MELOCACTUS

Wortherkunft: (lat.) *melopepo* (abgekürzt *melo*) = »Melone«
Es gibt 30 bis 40 Arten (je nach Autor), die vor allem in Küstenregionen in den Tropen zu finden sind, manche auch in Höhenlagen. Diese kugeligen oder halbkugeligen Pflanzen entwickeln nach mehreren Jahren des Wachstums ein Terminal-Cephalium. Ab dieser Entwicklungsphase wächst nur noch das Cephalium, während die Pflanze die erreichte Größe beibehält.

MELOCACTUS COMMUNIS

SYNONYM: M. INTORTUS

Wortherkunft: (lat.) *communis* = »verbreitet, gewöhnlich«; dennoch ist die Kultur nicht ganz einfach.
Beschreibung: Die kugelige Art hat 2 bis 5 cm lange Dornen. Von einem gewissen Alter an bildet sie ein wolliges Cephalium, aus dem sich unzählige kleine Blüten in unterschiedlichen Rosatönen und anschließend kleine rote, essbare Früchte entwickeln. Bei alten Exemplaren kann das Cephalium 50 cm hoch werden.
Natürliches Verbreitungsgebiet: Kleine Antillen.
Kultur: Dem Naturstandort entnommene Pflanzen überleben in Kultur in der Regel nicht. Durch Aussaat erhält man Pflanzen, deren Wachstum durch Pfropfen von Sämlingen beschleunigt werden kann. Aber auch dann noch ist die Kultur dieser *Melocactus*-Art in unseren Breiten schwierig; man braucht viel Erfahrung, um sie jahrelang halten zu können. Wichtige Kulturvoraussetzungen sind gleichmäßige Temperaturen, die auch im Winter nicht unter 15 bis 18 °C fallen dürfen, sowie eine hohe Luftfeuchtigkeit. In der Wachstumszeit muss eine ausreichende Wasser- und Nährstoffversorgung gewährleistet sein. Dabei sollte aber möglichst der Scheitel und später das Cephalium nicht gegossen werden. Eine Ruheperiode im Winter ist nötig, muss aber mit leichtem Befeuchten der Luft einhergehen. Diese Art steht auf der Roten Liste der vom Aussterben bedrohten Pflanzen des Washingtoner Artenschutzabkommens (CITES). Das Sammeln dieser Pflanzen in der Natur ist streng verboten.

▼ *Melocactus communis.* Die Rodung, der Verzehr der Früchte und die Überweidung der Biotope haben zum Verschwinden des größten Teiles seiner Populationen und der manchmal hundertjährigen Pflanzen geführt, die einst auf den Iles des Saintes und La Désirade in Guadeloupe wuchsen.

NOTOCACTUS

Wortherkunft: (griech.) *notos* = »Süden«, da diese Pflanzen aus Südamerika stammen. Diese mittelgroßen Kakteen mit kugeligem, im Scheitel abgeflachtem, manchmal zylindrischem Körper stehen einzeln oder bilden Gruppen. Die Areolen sind oft wollig, die Rippen meist höckrig. Die Blüten mit wolliger Röhre haben die Form eines mehr oder weniger offenen Trichters. Zu dieser Gattung gehören heute auch *Brasilicactus*, *Eriocactus* und *Wigginsia*.

NOTOCACTUS HORSTII

Wortherkunft: Nach Leopold Horst, der ihn 1904 beschrieben hat.
Beschreibung: Im Jugendstadium kugelig, streckt sich dann aber und erreicht bis zu 30 cm Höhe und 15 cm Durchmesser. Die Spitze ist mit weißlicher Wolle bedeckt. Filzige, weiße Areolen bringen 10 bis 15 Dornen von 1,5 bis 3,5 cm Länge hervor. Die Blüte am Scheitel variiert zwischen gelb und orange.
Natürliches Verbreitungsgebiet: Serra Geral, Region des Rio Grande del Sul.
Kultur: Ist problemlos zu kultivieren. Im Winter bei 10 bis 12 °C nicht ganz austrocknen lassen. Im Sommer ist ein warmer, sonniger Platz bei ausreichender Feuchtigkeit für das Gedeihen der Pflanzen nötig. Die Erdmischung darf etwas humos sein.

▲ *Notocactus horstii*: Verwenden Sie eine etwas saure Mischung (gut zersetzter Humus). Aussaat im Frühjahr.

Notocactus mammulosus ▼

NOTOCACTUS MAMMULOSUS

SYNONYME: ECHINOCACTUS MAMMULOSUS, MALACOCARPUS MAMMULOSUS

Wortherkunft: Im Sinne von »Der kleine Warzen entwickelt«.
Beschreibung: Jung kugelig, später 10 bis 12 cm hoch bei 6 cm Durchmesser. Die 18 bis 20 Rippen tragen deutliche Höcker. Im Sommer erscheinen hellgelbe, bei manchen Varietäten leicht orange gefärbte Blüten.
Natürliches Verbreitungsgebiet: Argentinien, Brasilien und Uruguay.
Kultur: Wie die vorangehende Art.

WEITERE ARTEN

– *Notocactus haselbergii* (Syn. *Brasilicactus haselbergii*) aus Brasilien. Ist dicht von weißen Borstendornen umgeben und bildet im zeitigen Frühjahr aus dem Scheitel leuchtend rote Blüten.
– *N. leninghausii* (Syn. *Eriocactus leninghausii*), eine brasilianische Art, wächst dicksäulig 80 cm bis 1 m hoch und ist dicht von gelben Borsten umhüllt.
– *N. scopa* aus Brasilien und Uruguay hat weiße Areolen und feine Dornen. Er bildet gelbe Blüten.

▲ Oben: *Notocactus leninghausii*, ▼ unten die Sorte 'Alba' (Gärtnerei Cactus Estérel, Frankreich).

PARODIA

Wortherkunft: Die Gattungsbezeichnung ist Domingo Parodi gewidmet, der Paraguay und seine Natur zu Beginn des 20. Jahrhunderts erforschte.
Die kleinen Kugelpflanzen strecken sich im Alter. Die Rippen sind mehr oder weniger sichtbar spiralig gedreht, mit Höckern und wolligen Areolen. Sie bringen Dornen hervor, die zuweilen hakenartig gekrümmt sind. Die orangegelben oder roten Blüten schieben sich aus der Scheitelwolle je nach Art vom zeitigen Frühjahr bis zum Ende des Sommers. Viele der Parodien-Arten kann man zu den blühfreudigsten Kakteen rechnen, wenn man sie richtig behandelt.

▲ *Parodia ayapoyana*

PARODIA AYOPAYANA

Wortherkunft: Stammt aus der Provinz Ayopaya in Bolivien.
Beschreibung: Die zunächst kugelige Pflanze streckt sich später bis auf 60 cm Länge bei 8 bis 12 cm Durchmesser. Die filzigen Areolen und die steifen Dornen sind weiß. Am Scheitel erscheinen Büschel orangegelber, kurzröhriger Blüten.
Kultur: Im Winter bei 8 bis 10 °C ganz leicht feucht halten. Ab März langsam mit dem Gießen beginnen. Im Sommer viel Sonne, Wärme und regelmäßig gießen, aber keine Dauernässe. Vermehrung durch Aussaat oder Kindel.

PARODIA CHRYSACANTHION

Wortherkunft: Bezug auf den Goldton der Dornen, (griech.) *chrys* = »golden«.
Beschreibung: Die flachkugeligen Pflanzen mit bis zu 14 cm Durchmesser wachsen meist einzeln. Auf den zahlreichen spiraligen Rippen sitzen weiße oder hellgelbe Areolen, aus denen unzählige goldgelbe Dornen (2 bis 4 cm lang und gerade) ragen. Die leuchtend gelben Blüten öffnen sich im zeitigen Frühjahr.

Parodia chrysacanthion ▶ aus Nordargentinien wird genauso kultiviert wie die vorangehende Art.

PARODIA OTUYENSIS

Wortherkunft: Stammt aus Otuya in Bolivien.
Beschreibung: Der flachkugelige, gräulich-grüne Kaktus hat 4 bis 11 cm Durchmesser, spiralige Rippen und zahlreiche, hellbraune Dornen in 2 bis 3 cm Länge. Am Scheitel leuchten rote Blütenbüschel mit gelben Staubgefäßen. Die Früchte halten lange an der Pflanze.
Kultur: Wie die vorangehende Art.

▲ *Parodia otuyensis*

REBUTIA

SYNONYME: AYLOSTERA, SULCOREBUTIA

Wortherkunft: Der Gattungsname wurde Pierre Rebut gewidmet, einem französischen Winzer und großen Kakteenfreund im 19. Jahrhundert.
Die Pflanzen sind kugelig mit flachem oder abgeflachtem Scheitel und bringen im Laufe der Jahre zahlreiche Kindel hervor. Die leicht höckerigen Rippen bilden mehr oder weniger deutliche Spiralen. Die Zuordnung zu Arten, Varietäten oder Formen ist umstritten.

REBUTIA HELIOSA

SYNONYM: AYLOSTERA HELIOSA

Wortherkunft: Der Artname nimmt Bezug auf den griechischen Sonnengott Helios.
Beschreibung: Junge Einzelpflanzen haben weniger als 3 cm Durchmesser. Im Alter sprossen sie und bilden Polster. Die Areolen sitzen dicht gedrängt und tragen winzige, kammartig angeordnete, braungelbe Dornen.
Natürliches Verbreitungsgebiet: Bolivien in etwa 2500 m Höhe.
Kultur: Bei 2 bis 5 °C trocken überwintern. Im Frühjahr so lange trocken halten, bis die Blütenknospen Farbe zeigen. Im Sommer sehr luftig aufstellen, am besten im Freien kultivieren. Zum Topfen eine sandige Erdmischung mit etwas Humus verwenden. Die sehr blühfreudige Pflanze wird durch Aussaat oder Abnahme von Kindeln vermehrt.

▼ *Rebutia heliosa* bildet zahlreiche kleine Polster mit kammartigem Muster und ist eine sehr blühfreudige, pflegeleichte Pflanze.

▶ *Rebutia pseudodeminuta* stammt aus der Provinz Salta in Argentinien aus etwa 2000 m Höhe. Ihre Kultur ist identisch mit der der vorangehenden Art.

▲ *Rebutia ritteri*

REBUTIA PSEUDODEMINUTA

SYNONYM: AYLOSTERA PSEUDODEMINUTA

Wortherkunft: (griech.) *pseudo* = »falsch« und (lat.) *deminuta* = »vermindert, reduziert«.
Beschreibung: Die kräftig grüne Pflanze mit etwa 20 warzigen Rippen wird 10 cm hoch und hat rote Blüten mit gelben Staubgefäßen.

REBUTIA RITTERI, SYNONYM: LOBIVIA RITTERI

Wortherkunft: Die Art ist nach ihrem Entdecker Friedrich Ritter benannt.
Beschreibung: 1,5 bis 2,5 cm dicke Pflanze mit vielen weißen Areolen, aus denen wie Strahlen zahlreiche sehr feine weiße Dornen wachsen. Die Blütenfarbe reicht von Hell- bis Scharlachrot; Blüte im Frühling, zuweilen auch im Sommer.
Natürliches Verbreitungsgebiet: Bolivien, Region Escayachi.

▼ Die Gattungen *Pseudorebutia* und *Rebutia* sind sich ähnlich.

WEITERE ARTEN

Aus Bolivien stammen:
– *Rebutia albiflora* mit weißen Blüten.
– *R. graciliflora* mit scharlachroten Blüten aus der Gegend um Camargo in 3000 m Höhe.
– *R. narvaecensis* blüht rosa, *R. weingartiana* (Syn. *Sulcorebutia w.*) hat lange Dornen und gelbe Blüten.

▲ *Trichocereus chilensis*

TRICHOCEREUS

Wortherkunft: (griech.) *trichos* = »Haar«; bezieht sich auf die behaarte Blütenröhre.

Die meist säulenförmigen Pflanzen stehen aufrecht oder wachsen am Boden liegend, einzeln oder in Gruppen. Die Sprosse haben zahlreiche Rippen und Areolen mit vielen Dornen. Es gibt tagblühende (Sektion *Helianthocereus*) und nachtblühende Arten. Sie sind in den verschiedensten Landschaften Südamerikas zu finden. Manche Arten enthalten Alkaloide.

Wenn hier in der Gruppe Kugelkakteen aus Südamerika plötzlich »Cereen« auftauchen, ist das kein Versehen, sondern liegt darin begründet, dass eine eindeutige Trennung nicht möglich ist. Verschiedene Echinopsen werden im Alter stattliche Säulen, wogegen Trichocereen in der Jugend durchaus kugelig sein können.

TRICHOCEREUS CHILENSIS

SYNONYM: TRICHOCEREUS CHILOENSIS

Wortherkunft: Aus Chile stammende Art.

Beschreibung: In der Natur erreicht der Spross 5 bis 6 m Höhe, in Kultur etwa die Hälfte. Manche der zahlreichen hellgrauen, steifen, sehr spitzen Dornen werden über 5 cm lang. Die großen Nachtblüten haben außen grünliche und innen weiße Blütenblätter.

▲ *T. huascha* (Syn. *Helianthocereus huascha*) ist eine andere Art, die häufig kultiviert wird, und die zugleich aufrecht und liegend wächst. Sie stammt aus der Provinz Catamarca.

Natürliches Verbreitungsgebiet: Diese Art stammt nicht – wie man von ihrem Namen ableiten könnte – von der chilenischen Insel Chiloé (dort wächst kein Kaktus von Natur aus), sondern aus den Provinzen Talca und Coquimbo.
Kultur: Diese Art kann bei 5 °C und trocken überwintert werden. Zur Wachstumszeit im Frühjahr und Sommer benötigt sie regelmäßige Wassergaben, frische Luft und Sonne. Zum Topfen verwendet man eine durchlässige, nicht zu magere Kakteenerde.

TRICHOCEREUS CRASSICAULIS

SYNONYM: HELIANTHOCEREUS CRASSICAULIS

▼ *Trichocereus crassicaulis*

Wortherkunft: Bezug auf den dickblattartigen Charakter des Sprosses.
Beschreibung: Der zunächst kugelige Spross streckt sich dann und wird 20 bis 25 cm hoch. Die steifen Dornen sind weiß. *T. crassicaulis* gehört zu den tagblühenden Arten und entwickelt intensiv rote Blüten.
Natürliches Verbreitungsgebiet: Provinz Catamarca in Argentinien.
Kultur: Wie vorangehende Art.

WEITERE ARTEN

– *T. terscheckii* ist in seiner Heimat Argentinien bekannt unter dem Namen »cardon«. Sein holziges Skelett dient als Baumaterial und wird für die Tischlerei und im Kunsthandwerk, zuweilen auch als Tierfutter verwendet.
– *T. pachanoi* aus Ecuador und Peru ist wegen seiner halluzinogenen Alkaloide neuerdings begehrt. Eine beliebte Pfropfunterlage.
– *T. pasacana* stammt aus Argentinien und Bolivien. Aus den Dornen dieser Art wurden Nähnadeln gefertigt. Die Früchte sind essbar.

▶ *Trichocereus pachanoi* 'Cristata'

▲ Trichocereus schickendantzii

– *T. schickendantzii* (Syn. *Echinopsis schickendantzii*) aus dem Nordwesten Argentiniens, Provinz Tucumán, hat weiße Blüten, aus denen sich essbare Früchte entwickeln.
– *T. spachianus* aus West-Argentinien wird bis 2 m hoch und bringt große weiße Nachtblüten hervor. Diese Art wird gern als Pfropfunterlage verwendet.

UEBELMANNIA

Wortherkunft: Die Gattung wurde 1967 durch den holländischen Botaniker Buining zu Ehren des Schweizer Gärtners W. Uebelmann benannt.
Sie umfasst fünf kugelige bis zylindrische Arten mit schmalen oder auch durch Warzen verbreiterten Rippen. Diese Arten werden manchmal der Gattung *Parodia* zugeordnet, der sie sehr nahe stehen.

▼ Uebelmannia pectinifera

UEBELMANNIA PECTINIFERA

Wortherkunft: (lat.) *pecten* = »Kamm«; bezieht sich auf die Anordnung der Dornen.
Beschreibung: Wollige Areolen sitzen auf 15 bis 20 extrem schmalen Rippen. Am Naturstandort konnte ein Exemplar beobachtet werden, das sich zunächst kugelig entwickelte, dann 80 cm hoch und 17 cm dick geworden ist. Im Sommer leuchten kleine gelbe Blüten aus dem Scheitel.

Natürliches Verbreitungsgebiet: Minas Gerais in Südbrasilien.
Kultur: Diese sehr empfindliche Art muss im temperierten Gewächshaus bei viel Licht, aber im Sommer vor praller Sonne geschützt gezogen werden. Verwenden Sie unbedingt ein sehr durchlässiges, saures Substrat (Torf, Sand und Kies). Im Winter braucht sie mindestens 12 bis 15 °C sowie etwas Feuchtigkeit, verträgt aber keine Staunässe. Schützen Sie den Wurzelhals mit reinem Kies. Es ist ratsam, die zu dieser Gruppe gehörenden Arten zu pfropfen.

WEINGARTIA

Wortherkunft: Ehrt Wilhelm Weingart, einen aufgeschlossenen Kakteenfreund, der Anfang des 20. Jahrhunderts lebte.
Die kugelförmige Pflanze mit warzigen Rippen kann mit der Zeit zylindrisch werden. Die Areolen weisen zahlreiche Dornen auf. 25 aus Bolivien stammende Arten sind bekannt.

▼ *Weingartia cumingii* wird durch Aussaat vermehrt.

WEINGARTIA CUMINGII

SYNONYM: WEINGARTIA NEOCUMINGII

Wortherkunft: Dem Sammler Hugh Cuming zu Ehren benannt.
Beschreibung: Zuerst flachkugelig, erreicht dann 20 bis 25 cm Höhe. Die Rippen tragen Höcker, zwischen denen weißwollige Areolen mit zahlreichen steifen Dornen mittlerer Länge sitzen. Im Frühjahr und Sommer schieben sich viele kleine hellorange Blüten aus der Scheitelwolle.
Natürliches Verbreitungsgebiet: Provinz Florida in Bolivien.
Kultur: Kühle trockene Überwinterung bei 5 bis 10 °C. Im Frühjahr und Sommer bei viel Sonne warm aufstellen, möglichst nicht über den Scheitel gießen. Das Pflanzsubstrat soll gut durchlässig sein, aber auch ausreichend Humus enthalten.

UNTERFAMILIE

Cactoideae

Gruppe IV: Kugelkakteen aus Mittel- und Nordamerika

Viele Arten dieser Gruppe stammen aus Mexiko. Sie gehören einer sehr reichhaltigen Pflanzenwelt an, die sowohl auf den trockenen Hochebenen und auf Hügeln gedeiht als auch in den »Barrancas« (Schluchten, die die Wände eines Vulkankraters nach außen durchbrechen).

ARIOCARPUS

SYNONYME: ROSEOCACTUS, NEOGOMESIA

Wortherkunft: (griech.) *aria* = Mehlbeere und *carpos* = Frucht. Diese Kakteen unterscheiden sich von denen anderer Gattungen durch ihre Morphologie. Die sechs bekannten Arten aus Mexiko bilden eine flache, kaum aus dem Boden ragende Rosette aus langgezogenen, dreikantig verlängerten Areolen, die wie stark sukkulente Blätter aussehen und ohne jegliche Bedornung sind. Die Speicherwurzel ähnelt einer länglichen Rübe. Die 2 bis 4 cm breiten, gelblich-weißen oder purpurroten Tagblüten wachsen in der Rosettenmitte aus wolligen Areolen. Diese Arten haben nur eine geringe Verbreitung und stehen deshalb unter strengem Naturschutz. Seit alters her verwenden die Indianer bestimmte Arten wegen ihrer halluzinogenen Wirkung für Kulthandlungen.

Ariocarpus scaphirostris ▶

▲ *Ariocarpus furfuraceus*

ARIOCARPUS FURFURACEUS

Wortherkunft: (lat.) *furfuraceus* = »mit feinem, weißlichen Staub überzogen«.

Beschreibung: Die Warzen bilden eine flache Rosette und weiße oder hellrosa Blüten.

Natürliches Verbreitungsgebiet: Mexiko (Coahuila).

Kultur: *Ariocarpus*-Arten wachsen sehr langsam. In Spezialsammlungen kann man 50 Jahre alte Exemplare sehen, deren Größe bescheiden ist. Der größere Teil der Pflanze wird unter der Erde als feuchtigkeitsempfindliche Rübenwurzel entwickelt. Deshalb haben Anfänger oft Misserfolge mit dieser Pflanzengruppe.

Wichtig ist die Verwendung eines gut wasserdurchlässigen, mineralischen Substrates. Der Zusatz von Lehm und etwas Düngegips hat sich bewährt. Damit sich die Rübenwurzel gut entwickeln kann, sollte man besonders hohe Pflanzgefäße verwenden. Die Überwinterung erfolgt ohne jegliche Wassergabe bei 8 bis 10 °C. Wenn durch Sonneneinstrahlung die Temperaturen steigen, ist das durchaus wünschenswert. Ab Mai beginnen die Pflanzen kaum merklich zu wachsen und benötigen nun etwas Feuchtigkeit. In Abständen von zwei bis drei Wochen wird von unten Wasser angestaut und wieder abgelassen. Die Rosette sollte möglichst nicht nass werden. Zwischen den Wassergaben muss das Substrat gut abtrocknen. Die Hauptvegetationszeit liegt im Spätsommer. In dieser Zeit erscheinen auch die Blüten.

▼ *Ariocarpus retusus* ist am Naturstandort kaum von der Umgebung zu unterscheiden.

ARIOCARPUS RETUSUS

Wortherkunft: (lat.) *retusus* = gestutzt; bezieht sich auf die Form der Areolen.

Beschreibung: Durch ihre flache Rosette wirken die Pflanzen am Naturstandort oft wie mit dem Kalkboden und den Steinen verschmolzen. Alte Exemplare können 25 cm

Durchmesser haben. Im Herbst erscheinen 4 bis 5 cm breite, weiße oder blassrosa Blüten.
Natürliches Verbreitungsgebiet: Staaten Nuevo León und San Luis Potosí.
Kultur: Wie die vorangehende Art.

ASTROPHYTUM

Wortherkunft: (lat.) *aster* = »Stern« und (griech.) *phyton* = »Pflanze«; Sternform im Pflanzenquerschnitt.
Die Pflanzen sind kugelig, oft stark gerippt, im Alter zuweilen säulenförmig. Vier aus Mexiko und Texas stammende Arten sind beschrieben worden, die wenig Gemeinsamkeiten mit den übrigen in dieser Gegend vorkommenden Gattungen haben. Die Epidermis der Pflanzen ist in der Regel mehr oder weniger dicht weiß beflockt, in Ausnahmefällen fehlt dieser Verdunstungsschutz (Nuda-Formen).

ASTROPHYTUM ASTERIAS

Wortherkunft: Nimmt Bezug auf die verblüffende Ähnlichkeit mit einem versteinerten Seeigel.
Beschreibung: Der kugelige Körper, der bis zu 12 cm Durchmesser haben kann, weist wollige Areolen, aber keine Dornen auf. Die Blüten sind hellgelb mit rotem Schlund.
Natürliches Verbreitungsgebiet: Mexiko, Texas.
Kultur: Im Winter soll man ihn bei mindestens 6 bis 8 °C ganz trocken halten. Im Sommer braucht er einen sehr sonnigen Standort. Zum Topfen verwendet man eine gut wasserdurchlässige, mineralische Erdmischung, gegebenenfalls mit etwas Gipszusatz.

▼ *Astrophytum asterias*

▲ *Astrophytum myriostigma*

ASTROPHYTUM MYRIOSTIGMA

Wortherkunft: (lat.) *myriostigma* = »Tausendpunkt«; bezieht sich auf die zahlreichen Wollflocken.
Beschreibung: Die Art hat fünf Rippen, Körper dicht mit weißen Flocken bedeckt. Die Blüten sind gelb. Es gibt eine Varietät *quadri-costata* mit vier Rippen, eine Varietät *nudum* ohne Flocken sowie Hybriden.
Natürliches Verbreitungsgebiet: Staaten in Nord- und Zentralmexiko.
Kultur: Wie vorangehende Art, aber weniger empfindlich. Toleriert auch warme, trockene Überwinterung in der Wohnung.

WEITERE ART

– *Astrophytum capricorne* mit größeren Wollflocken auf der Epidermis und gebogenen, flachen, biegsamen Dornen in Dunkelbraun, die bis zu 5 bis 6 cm lang werden können. Die Blüten sind gelb mit rotem Schlund.

ECHINOCACTUS

SYNONYM: HOMALOCEPHALA

Wortherkunft: (griech.) *echinos* = »Igel«; Igelkaktus.
Der zunächst kugelige Spross dieser Pflanzen wird viel später zylindrisch. Auf den zahlreichen Rippen sitzen gleichmäßig angeordnete Areolen. Die Blüten bilden sich im wolligen Scheitel. Sechs Arten sind heute anerkannt. Diese sehr dekorativen Kakteen werden viel gehandelt. In Mexiko findet man Nachspeisen (»dulce de visnagas«) aus kandiertem Fleisch von *E. grusonii* und *E. platyacanthus*.

ECHINOCACTUS GRUSONII

Wortherkunft: Nach dem deutschen Kakteenfreund Hermann Gruson benannt.
Beschreibung: Der Goldkugelkaktus ist stark mit Dornen bewehrt. Die 15 bis 30 Rippen tragen gelbfilzige Areolen, aus denen je 8 bis 10

▶ Diese Exemplare von *Echinocactus grusonii* im Exotischen Garten von Monaco sind etwa hundertjährig.

▲ *Echinocactus horizonthalonius*

▼ *Echinocactus texensis*

goldgelbe, 2 bis 5 cm lange, kräftige Dornen ragen. Am Naturstandort kann man sehr alte Exemplare antreffen, die bis zu 2 m hohe, 60 bis 75 cm dicke Säulen bilden. Nur bei sehr alten Pflanzen erscheinen aus dem wolligen Scheitel strohgelbe Blüten.

Natürliches Verbreitungsgebiet: Mexikanische Bundesstaaten Mexiko, Hidalgo und San Luis Potosí.

Kultur: Außer reichlichem Sonnenschein stellt die Pflanze keine besonderen Ansprüche. Im Winter trocken und möglichst nicht unter 10 °C halten. Ist ein Umräumen ins Sommerquartier im Freien geplant, müssen die Pflanzen erst vorsichtig an die Sonne gewöhnt werden. Im Sommer viel frische Luft und Sonne, auch mit Wasser muss nicht gespart werden. Natürlich darf es keine Staunässe geben. *E. horizonthalonius* und *E. texensis* sind wesentlich empfindlicher, langsam wachsender und werden bei falscher Behandlung schnell von schädigenden Wurzelpilzen befallen. Es empfiehlt sich, diese empfindlichen Arten zu pfropfen. Vermehrung durch Aussaat.

WEITERE ARTEN

– *Echinocactus ingens* aus Mexiko, wird bis 1,50 m hoch und 1,25 m dick. Die Rippen sind etwas geschwungener geformt als bei *E. grusonii*, die 2 bis 8 cm langen Dornen sind gelb.

– *E. horizonthalonius*, der mexikanische »bisnaga« (oder auch »biznaga«), hat 10 bis 12 cm (bis 25 cm) Durchmesser, krallig gebogene Dornen und hübsche, blassrosa Blüten.

– *E. platyacanthus* ist ein weiterer mexikanischer »bisnaga« mit gelben Blüten; er ist mittelgroß.

– *E. texensis* (Syn. *Homalocephala texensis*) hat 23 bis 30 cm Durchmesser, hellrote Blüten und stammt aus Texas und Mexiko.

ECHINOCEREUS

Wortherkunft: (griech.) *echinos* = »Igel« und (lat.) *cereus* = »Kerze«; Igelsäulenkaktus.
Diese Gattung umfasst über 50 Arten und für manche Fachleute noch mehr Varietäten. Man trifft sie im Süden der USA und vor allem in Mexiko an. Die säulenförmigen Triebe sind niedrig, oft auf Bodenhöhe verzweigt. Ihre recht feinen Dornen sind sehr zahlreich, manchmal farbig; die Rippen können warzige Höcker haben. Viele Arten bilden große Blüten, die über viele Tage halten, was für Kakteen durchaus nicht die Regel ist.
Die durchgeschnittene Pflanze sondert klebrigen Saft ab und manche Indiostämme aus dem Norden Mexikos verwenden Teile von Gliedern als Kaumasse. Die saftigen Früchte sind bei mehreren Arten essbar.

▲ *Echinocereus fitchii*

ECHINOCEREUS PECTINATUS

Wortherkunft: Bezieht sich auf die kammartige Anordnung der Dornen.
Beschreibung: Durch ihre kammartigen, weißen oder rosafarbenen Dornen ist die Pflanze sehr dekorativ, selbst außerhalb der Blütezeit. Bei voller Sonne erscheinen im Sommer hübsche rosa Blüten.
Natürliches Verbreitungsgebiet: Vom Norden Mexikos bis nach Texas.

◄ *Echinocereus pectinatus* am Naturstandort in Nordmexiko. Je nach Form variieren die strahlenförmigen Dornen von weißlich bis leicht violett.

Kultur: Überwinterung kühl, aber frostfrei und absolut trocken. Dagegen ist im Sommer regelmäßiges Gießen nötig, um die Oberflächenwurzeln vor dem Austrocknen zu schützen; wächst langsam.

▲ Echinocereus delaetii

ECHINOCEREUS DELAETII

Wortherkunft: Nach dem Belgier Franz de Laet, der Kakteen einführte und kultivierte.
Beschreibung: Die 20 bis 30 cm langen, 4 bis 7 cm dicken Sprosse, die aufrecht oder geneigt stehen, tragen lange, weiße Haare und blassgelbe Dornen. Hellrosafarbene bis leicht violette Blüte am Sommeranfang.
Natürliches Verbreitungsgebiet: Mexiko (Bundesstaat Coahuila).
Kultur: Diese wunderschöne Art braucht ein sehr durchlässiges Substrat, das zugleich sandig und kalkhaltig ist. Für den Winter ist ein sehr heller Platz bei Temperaturen zwischen 5 °C und 10 °C angebracht. Im Sommer empfiehlt sich ein vollsonniger, warmer Standort bei mäßiger Feuchtigkeit. Fehlende Wärme und zu viel Wasser führen leicht zu Fäulnis.

▲ Echinocereus stramineus

ECHINOCEREUS STRAMINEUS

Wortherkunft: (lat.) *stramen* = »Stroh«; bezieht sich auf seine Farbe.
Beschreibung: Die etwa 25 cm hohen Triebe sind dicht mit 3 bis 6 cm langen Dornen bewehrt. Die purpurroten Sommerblüten öffnen sich nur in der prallen Sonne.
Natürliches Verbreitungsgebiet: Mexiko, New-Mexico, Texas.
Kultur: Die gleichen Ansprüche wie die vorangehende Art.

WEITERE ART

– *E. engelmannii* wird 30 bis 40 cm hoch, bringt rote Blüten hervor, aus denen sich saftig-süße Früchte entwickeln. Diese Art verträgt niedrige Temperaturen.

◀ Echinocereus pectinatus var. reichenbachii

ECHINOFOSSULOCACTUS

SYNONYM: STENOCACTUS

Wortherkunft: (griech.) *echinos* = »Igel«, (lat.) *fossula* = »kleiner Graben«; Hinweis auf die Rillen zwischen den Rippen.
Die kugeligen oder halbkugeligen Pflanzen (zuweilen auch kurze Zylinder) mit weniger als 15 cm Durchmesser stehen allein oder in Gruppen. Ihre 15 bis 100 Rippen sind mehr oder weniger gewellt, die Dornen variabel. Die etwa 30 Arten stammen aus Mexiko.

ECHINOFOSSULOCACTUS ZACATECASENSIS

Wortherkunft: Stammt aus Zacatecas in Mexiko.
Beschreibung: 12 bis 15 cm Durchmesser; die sehr zahlreichen, gedrängten Rippen sind gewellt und dünn, die flachen, sehr steifen Dornen 2 bis 4 cm lang. Im Frühling erscheinen weiße, rosafarbene oder gelb angehauchte Blüten.
Kultur: Verträgt im Winter bei trockenem Stand Temperaturen nahe 0 °C. Vermehrung im Frühjahr durch Aussaat.

▼ *Echinofossulocactus zacatensis*

▲ *Echinomastus unguispinus*

▲ *Echinomastus macdowellii*

ECHINOMASTUS

Wortherkunft: (griech.) *echinos* = »Igel« und *mastos* = »Brust«.
Die zahlreichen Rippen der kugeligen, graugrünen Solitärpflanzen (7 bis 10 cm Durchmesser) sind in kurze Warzen unterteilt. Die Blüten entspringen dem Scheitel der Pflanze.

ECHINOMASTUS UNGUISPINUS

Wortherkunft: (lat.) *unguis* = »Kralle«, da die Mitteldornen Krallenform haben.
Beschreibung: 7 bis 8 cm Durchmesser, 10 cm Höhe mit großen, wolligen Areolen, manchmal über 30 Dornen, die mehr oder weniger hellbraun oder rosa angehaucht sind.
Natürliches Verbreitungsgebiet: Staaten Zacatecas und Chihuahua in Mexiko.
Kultur: Diese Art wird leicht von Fäulnis befallen. Deshalb ist eine mineralische, grob strukturierte Erdmischung zu empfehlen. Im Winter muss die Pflanze absolut trocken bei mindestens 10 °C gehalten werden. Im Sommer benötigt sie viel Sonne und auch nur vorsichtige Wassergaben. Sicherer ist es, diese Art veredelt zu kultivieren.

WEITERE ARTEN

– *E. durangensis* aus Durango mit purpurroten Blüten.
– *E. intertexus* (Syn. *Neolloydia intertexta*) aus den südlichen USA mit weißrosa Blüten.
– *E. macdowellii* aus Nuevo León mit rosa Blüten.

FEROCACTUS

SYNONYM: HAMATOCACTUS

Wortherkunft: (lat.) *ferus* = »wild«, bezieht sich auf die kräftigen, spitzen Dornen, die manche Arten entwickeln.
Die kugeligen oder tonnenförmigen Pflanzen stehen oft in Gruppen. Ihre Areolen entwickeln Nektardrüsen und die sehr auffälligen Dornen können bei derselben Art unterschiedlich gefärbt sein. Hakenför-

◄ *Ferocactus emoryi*

mig gebogene Dornen wurden zuweilen als Angelhaken verwendet.
Die Blüten sitzen in der Nähe des Scheitels, sind glockig und haben einen behaarten Ring, auf dem die Staubgefäße sitzen. Zur Zeit werden 25 Arten aus Mexiko und dem Südwesten der USA (von Meeresspiegelniveau bis in 3000 m Höhe) anerkannt.

▲ *Ferocactus acanthodes*

FEROCACTUS ACANTHODES
SYNONYM: FEROCACTUS CYLINDRACEUS

Wortherkunft: (griech.) *acanthodes* = »Stachelkissen«.
Beschreibung: Die flachkugelige, dann tonnenförmige Solitärpflanze wird 2,5 bis 3 m hoch und ist mit 2 bis 4 cm langen, rötlichen, zum Teil nach unten gerichteten Dornen bewehrt, wobei der Mitteldorn 12 cm lang werden kann. Im Sommer leuchten orangegelbe Tagblüten.
Natürliches Verbreitungsgebiet: Kalifornien, Nevada, Arizona und die Halbinsel Baja California (Niederkalifornien) in Mexiko.
Kultur: Der häufigste Fehler bei der eigentlich einfachen Kultur ist, dass er zu viel oder zur unrechten Zeit gegossen wird. Im Winter soll er ganz trocken bei mindestens 5 °C stehen. Im Sommer benötigt er viel Sonne und frische Luft. Eine lockere, mineralische Erdmischung sorgt dafür, dass die Wurzeln gesund bleiben.

▼ *Ferocactus echidne*

FEROCACTUS ECHIDNE

Wortherkunft: Bezieht sich auf die Ähnlichkeit mit dem Ameisenigel (engl.: echidna), einem kleinen australischen Säugetier.
Beschreibung: Etwa 20 cm Durchmesser, schlanke, gräulich-gelbe Dornen. Im Sommer gelbe Tagblüten.
Natürliches Verbreitungsgebiet: Staat Hidalgo in Mexiko.
Kultur: Wie die vorangehende Art.

▶ Ferocactus robustus

FEROCACTUS ROBUSTUS

Wortherkunft: Hinweis auf die Robustheit der Art.
Beschreibung: 10 bis 20 cm Durchmesser. Bildet in der Natur herrliche Gruppen, bei alten Pflanzen zuweilen auch in Kultur. Die im Sommer erscheinenden gelben bis orangefarbenen Blüten sind ein zusätzlicher Schmuck.
Natürliches Verbreitungsgebiet: Staaten Tehuacán und Puebla in Mexiko.
Kultur: Wie die vorangehenden Arten.

Ferocactus glaucescens ▼

FEROCACTUS GLAUCESCENS

Wortherkunft: Hinweis auf die Farbe der Epidermis.
Beschreibung: 40 bis 50 cm Durchmesser, tiefe, blaugraue Rippen mit gelben Dornen. Nur bei ausreichender Sonne erscheinen im Sommer hellgelbe, 2 bis 3 cm breite Blüten.
Natürliches Verbreitungsgebiet: Zentral- und Ostmexiko.
Kultur: Wie die vorangehenden Arten.

WEITERE ARTEN

– *Ferocactus hamatacanthus* (Syn. *Hamatocactus*) aus Texas und New-Mexico. Mit langem, am Ende hakig gebogenem Mitteldorn.
– *F. emoryi* mit orangeroten Blüten kommt aus der Sonora-Wüste in Mexiko und aus Arizona (siehe Foto S. 86).

▲ *Ferocactus stainesii* in der Natur; dieses Exemplar könnte 600 Jahre alt sein.

– *F. fordii* aus dem Staat Baja in Mexiko zeigt rosa Blüten.
– *F. latispinus*: der dekorative, flache Mitteldorn ist hakenförmig; die Pflanze stammt aus Zentralmexiko.
– *F. stainesii* mit rötlichen Dornen; manche hundertjährigen Exemplare werden im mexikanischen Staat San Luis Potosí 3 m hoch und 60 cm dick (siehe Foto oben).

LEUCHTENBERGIA

Wortherkunft: Diese Gattungsbezeichnung mit nur einer Art ehrt Eugène de Beauharnais, den Herzog von Leuchtenberg, Fürst von Eichstätt. Die Pflanze ist in der Natur stark vom Aussterben bedroht und offiziell geschützt. Sie ist bei Kakteenfreunden sehr beliebt, und so trägt die Kultivierung zu ihrer Erhaltung bei.

LEUCHTENBERGIA PRINCIPIS

Wortherkunft: Bezieht sich auf den Fürstentitel des Namengebers.
Beschreibung: Er wird auch »Prismenkaktus« genannt wegen seiner sehr langgezogenen, prismenförmigen Sprossteile, die eine lockere Rosette bilden. Sie entspringen aus einem kurzen Spross, der seinerseits auf einer Speicherwurzel wächst.
Diese Sprossteile bilden an ihrem Ende 8 bis 14 papierartige Dornen. Sehr schöne gelbe Blüten ragen tagsüber im Sommer aus ihrer Mitte heraus.

▼ *Leuchtenbergia principis*

Natürliches Verbreitungsgebiet: Kalkebenen im Staat Chihuahua (Mexiko).
Kultur: Wie alle Rübenwurzler lieber weniger als zuviel gießen. Im Winter ganz trocken bei mindestens 6 bis 8 °C halten. Im Sommer volle Sonne und viel Wärme, dabei Feuchtigkeit von unten, aber keine Staunässe. Als Substrat ist eine mineralische, lehmhaltige Mischung mit etwas Gips zu empfehlen. Im Interesse der Rübenwurzel wählt man ein entsprechend hohes Pflanzgefäß. Die Vermehrung erfolgt durch Aussaat. Zur Verbesserung des Keimergebnisses kann man die Samen zuvor 24 Stunden in lauwarmen Wasser einweichen. Das Pfropfen der »Warzen« ist möglich.

▼ *Lophophora williamsii*, der berühmte halluzinogene Peyotl, am Naturstandort und in Kultur.

LOPHOPHORA

Wortherkunft: (griech) *lophos* = »Helmbusch« und *phorein* = »tragen«; Verweis auf die Morphologie der Pflanze.
Ist auch unter dem Eingeborenennamen »Peyotl« wegen seiner halluzinogenen Wirkung bekannt. Die beschriebenen Arten unterscheiden sich voneinander nur in geringen Details.

LOPHOPHORA WILLIAMSII

Wortherkunft: Benannt nach dem englischen Sammler C.H. Williams.
Beschreibung: Die fleischigen Teile dieser dornenlosen Pflanzen mit 8 bis 10 cm Durchmesser ragen nur wenige Zentimeter aus dem Boden. Ihre filzigen Areolen tragen ein kleines, wolliges »Toupet«. Im Frühling und Sommer erscheinen kleine hellrosa Blüten.
Natürliches Verbreitungsgebiet: Nordmexiko, Texas.
Kultur: Rübenwurzler, deshalb nur vorsichtig von unten wässern. Im Winter ganz trocken halten bei Temperaturen über 5 °C. Im Sommer so viel Sonne als möglich und warm stellen. Aussaat im Frühjahr. Pfropfen beschleunigt das Wachstum.
Verwendung: Die halluzinogene Wirkung des »Peyotl-Kaktus« wird durch mehrere Alkaloide, darunter das Meskalin, verursacht. Nach dem Verzehr sollen sich Farbvisionen einstellen. Die Huitchol- und Tepehuanes-Indianer Mexikos glauben, die Pflanze »bringe Erleuchtung« und verwenden vor allem die ihnen heilige Kaktusart *L. williamsii* bei rituellen Handlungen.

MAMMILLARIA

SYNONYME: DOLICHOTHELE, MAMILLOPSIS

Wortherkunft: (lat.) *mamilla* = »Warze«; abgeleitet von den Areolen tragenden »Warzen« auf der Pflanzenoberfläche (siehe Foto S. 7). Die Spitzen der Warzen tragen ein Dornenpolster. Der Vegetationspunkt, aus dem die Blüten und gegebenenfalls Seitensprosse gebildet werden, ist in die Vertiefung zwischen den Warzen »gewandert«, in die so genannte »Axille«.

Von dieser heterogenen, komplexen Gattung sind 250 Arten anerkannt, jedoch weitaus mehr beschrieben. Die kugeligen oder zylindrischen Pflanzen stehen einzeln oder in Gruppen. Ihre Tagblüten sind oft zu mehreren kranzförmig auf unterschiedlichen Höhen angeordnet. Die hübschen roten Früchte werden häufig von der einheimischen Bevölkerung gegessen.

▲ *Mammillaria*
▼ *fraileana*;
oben: Blüte,
unten: Früchte.

MAMMILLARIA FRAILEANA

Wortherkunft: Die Art ehrt Manuel Fraile, der im 19. Jahrhundert eine Kapazität in der Landwirtschaft der USA war.

Beschreibung: Anfangs kugelig, später 12 bis 15 cm hoch. Im Frühling blassrosa Blüten.

Natürliches Verbreitungsgebiet: Kleine Inseln Cerralbo und Santa Catarina im offenen Meer vor Baja California.

Kultur: Die kälteempfindliche Pflanze muss im Winter wenigstens bei 10 °C und bei trockenem Boden gehalten werden. Gelegentliches Übersprühen wird dem Inselklima gerecht. Im Sommer luftig und vollsonnig stellen, aber nur vorsichtig gießen. Einfache Vermehrung durch Abnahme von Kindeln oder durch Aussaat.

MAMMILLARIA MAGNIMAMMA

Wortherkunft: Artname bedeutet »mit gut entwickelten Warzen«.
Beschreibung: Die 10 bis 12 cm dicken, sehr variablen Pflanzen bilden Gruppen. Aus den Warzen wachsen drei bis sechs gebogene, 2 bis 5 cm lange Dornen. Die purpurroten, heller gestreiften Blüten erscheinen als Kranz um den weißwolligen Scheitel.
Natürliches Verbreitungsgebiet: Zentralmexiko.
Kultur: Keine besonderen Ansprüche. Trocken und kühl überwintern. Im Sommer frische Luft und Sonne bei regelmäßigen Wassergaben.

▲ *Mammillaria magnimamma*

▲ *Mammillaria pectinata*

MAMMILLARIA PECTINIFERA

SYNONYM: SOLISIA PECTINATA

Wortherkunft: (lat.) *pecten* = »Kamm« wegen der kammartigen Dornen.
Beschreibung: 10 bis 12 cm Durchmesser, einköpfig, aber auch sprossend. Die Warzen mit ihren je 25 bis 30 kleinen, zarten, weißen Dornen überziehen fast die gesamte Oberfläche der Pflanze, was sehr dekorativ wirkt. Die kleinen Blüten sind kräftig rosa gefärbt.
Natürliches Verbreitungsgebiet: Staaten Querétaro und Oaxaca in Mexiko.
Kultur: Ist am Wurzelhals sehr empfindlich gegen Feuchtigkeit und wird deshalb oft als Veredlung kultiviert. Wurzelechte Pflanzen muss man sehr vorsichtig gießen, im Winter ganz trocken halten bei Temperaturen um 10 °C. Im Sommer verlangen sie viel Sonne und wenig Wasser.

MAMMILLARIA THERESAE

Wortherkunft: Nach Theresa Bock benannt, die sie 1966 in 2200 m Höhe im Staat Durango in Mexiko entdeckte.
Beschreibung: 6 bis 8 cm hoch und 2 cm im Durchmesser. Ein Zwerg unter den Mammillarien! Die sehr gleichmäßig aufgereihten Warzen tragen zahlreiche kleine Dornen. Die dunkelrosa Blüten sind im Verhältnis zur Pflanze sehr groß und auffällig.

Mammillaria bocasana am Naturstandort, halb versteckt in einer Felsspalte.

Kultur: Recht schwierig, da diese Art absolut keine Restfeuchtigkeit – selbst in der Luft – verträgt. Hell und trocken überwintern bei mindestens 10 °C. Im Sommer keine extreme Hitze und pralle Sonne, nur mäßig feucht halten. Durch Pfropfen hält sich die Pflanze besser.

WEITERE ARTEN

– *Mammillaria bocasana* ist eine robuste Art aus der Sierra de Bocas im Staat San Luis Potosí mit maximal 5 cm Durchmesser und beigefarbenen Blüten.
– *M. gueldemanniana* aus dem mexikanischen Staat Sonora ist 10 cm hoch, zylindrisch, mit kleinen weißen Blüten.
– *M. prolifera* (Syn. *M. multiceps*) hat zahlreiche kleine Sprosse, die 2 bis 4 cm dick und 6 cm lang sind mit cremeweißen Blüten; sehr verbreitete, aber kälteempfindliche Art aus Mexiko, dem Süden der USA und von den Großen Antillen.
– *M. viperina* mit kleinen, länglichen Sprossen und karminroten Blüten ist eine Art aus sehr trockenen, staubigen Landschaften im Staat Tamaulipas in Mexiko.

Mammillaria theresae mit einer Kalanchoe.

KRANKHEITEN UND SCHÄDLINGE BEKÄMPFEN

Zur Entlastung unserer Umwelt sind laut Pflanzenschutzmittelgesetz für den Hobbygärtner nur noch wenige Pflanzenschutzmittel zugelassen. Deshalb ist es besser, die Kakteen so zu pflegen, dass die natürlichen Abwehrkräfte gestärkt werden, die Pflanzen gesund bleiben und Schädlinge sie nicht befallen. Kakteen sind von Natur aus so vital, dass dies bei Beachtung der in dem Buch vorgestellten Pflegegrundsätze durchaus möglich ist. Natürlich können Schaderreger in eine Sammlung eingeschleppt werden und dann ist es wichtig zu wissen, um welchen Schädling es sich handelt und was man dagegen unternehmen kann. Immer, wenn ein Pflanzenschutzmittel eingesetzt werden soll, sind unbedingt die vorgeschriebene Anwendung und die notwendigen Vorsichtsmaßregeln einzuhalten!

PILZE

Schadpilze können besonders bei jungen Kakteen zum schnellen Tod der Pflanzen führen. Es gibt unterschiedliche Arten mit ganz verschiedenen Symptomen. Die Ursache für einen Befall sind Kulturfehler, etwa die Verwendung ungeeigneter Erde, zu reichliche Wassergaben, falsche Düngung, zu wenig Frischluft, zu warmer Stand bei zu geringer Lichtintensität. Entsprechend sind einem Pilzbefall vorbeugende Maßnahmen:
Die Verwendung einer lockeren, strukturbeständigen Erde, die je nach Anspruch rein mineralisch ist oder nur wenig organische Bestandteile enthält. Zwischen den Wassergaben werden Pausen eingehalten, in denen der Wurzelballen abtrocknen kann. Gedüngt wird, wenn überhaupt, dann nur wenig Stickstoff, dafür wird aber auf eine gute Kalium- und Kalziumversorgung geachtet. Die wichtigste Voraussetzung für den gesunden Wuchs sind für die meisten Arten der Sommeraufenthalt im Freien bei frischer Luft und Sonnenschein.
Chemische Mittel gegen Schadpilze nennt man Fungizide. Sie wirken meist nur gegen eine bestimmte Pilzart, sodass man erst ermitteln muss, um welchen Schaderreger es sich handeln könnte, um das richtige Mittel einzusetzen. Der Rat eines Fachmannes ist also unerlässlich. Auch sollte man wissen, dass die meisten Fungizide nur die Ausbreitung des Schadpilzes verhindern können. Eine einmal befallene Pflanze ist meist nicht mehr zu retten. Sehr wichtig ist es, alle von Schadpilzen befallenen Pflanzen umgehend aus der Sammlung zu entfernen, da von ihnen weitere Infektionen ausgehen. Zur Pflanzenhygiene gehört es, dass Stellflächen, Pflanzgefäße und Arbeitsgeräte sorgfältig desinfiziert werden.

▲ Verfaultes *Astrophytum.*

SCHÄDLINGE

Wollläuse (*Eriococcus*) und **Schildläuse** kommen in Kakteensammlungen häufig vor. Mit einfachen Spritzmitteln (Insektiziden) kommt man ihnen nicht bei, denn sie schützen sich und ihre Nachkommen durch Wachsausscheidungen bzw. verdeckeln sich. Durch wiederholtes Spritzen der befallenen Stellen mit einem paraffin- oder neemhaltigen Mittel kann der Befall erfolgreich bekämpft werden.

▲ Wollläuse auf einer *Mammillaria.*

Spinnmilben (Rote Spinne, *Tetranychus*) sind nur mit einer guten Lupe sichtbare winzige Milben, die aber aufgrund ihrer raschen Vermehrung verheerenden Schaden anrichten können. Sie saugen die Zellen besonders im Scheitelbereich aus, so dass dieser dann graubraun, später wie verholzt aussieht. Befallene Pflanzen müssen sofort isoliert und behandelt werden. Als Spritzmittel sind ebenfalls ein spezielles Paraffinöl oder chemische Mittel wirksam, die gegen Milben an Beerensträuchern eingesetzt werden. Wichtig ist eine konsequente Wiederholung der Behandlung im Rhythmus von 8 bis 10 Tagen – auch aller benachbarten Pflanzen –, bis sicher kein Befall mehr erkennbar ist.

HILFREICHE ADRESSEN

Sehenswerte Sammlungen
Die wichtigsten der Öffentlichkeit zugänglichen Kakteensammlungen sind in Deutschland in Botanischen Gärten zu sehen. Sehenswert sind hier vor allem Berlin, Greifswald, Leipzig und Jena, das Kakteenhaus des ega-Parks in Erfurt, Heidelberg, München-Nymphenburg und Frankfurt/Main (Palmengarten). Der Exotische Garten in Monaco wird in diesem Buch wiederholt erwähnt. In Frankreich lohnt der Besuch in Paris, Versailles-Chèvreloup (Gewächshäuser des Muséum national d'histoire naturelle), Lyon und Nancy. In Großbritannien locken London (Kew Gardens) und Edinburgh, in den USA der Desert Botanical Garden in Phoenix (Arizona), in denen ebenfalls bemerkenswerte Kakteen- und Sukkulentensammlungen zu sehen sind.

Vereine
Wer gern mehr über Kakteen erfahren und andere Kakteenliebhaber (Amateure und Fachleute) kennen lernen möchte, kann Mitglied in einer Kakteensammler-Vereinigung werden.

Deutsche Kakteen-Gesellschaft e.V.
(DKG)
Oos-Straße 18
D-75179 Pforzheim

Schweizerische Kakteen-Gesellschaft (SKG)
Eichstraße 29
CH-5432 Neuenhof

Gesellschaft Österreichischer Kakteenfreunde
Buchenweg 9
A-4810 Gmunden

Diese drei Gruppen bringen gemeinsam die Zeitschrift »Kakteen und andere Sukkulenten« heraus.

Association Internationale des Amateurs de Plantes Succulentes
(A.I.A.P.S.)
Jardin Exotique
B.P. 105, Monte-Carlo
MC. 98002 Monaco

BEZUGSQUELLEN

Kakteen-Haage, Blumenstr. 68, 99092 Erfurt; Tel. 03 61/2 29 40 00. Umfassendes Angebot an Pflanzen, Samen und Zubehör. Spezialitäten: Epikakteen, winterharte Kakteen, Hoyas

G. Köhres, Wingertstr. 33, 64387 Erzhausen, Tel. 0 61 50/72 41. Spezialitäten: Größtes Samenangebot, Kakteen und Tillandsien

Kakteen-Piltz, Monschauer Landstr. 162; 52355 Düren/Rhld. Tel. 0 24 21/6 14 43. Spezialitäten: Gymnocalycium, Samen

Georg Schwarz, An der Bergleite 5, 90455 Nürnberg/Katzwang. Zubehör; von Substraten über Töpfe bis hin zu Pflanzenschutzmitteln alles, was zur Kakteenkultur gebraucht wird.

Uhlig-Kakteen, Hegnacher Str. 31, 71394 Kernen; Tel. 0 71 51/4 18 91. Umfassendes Angebot an Pflanzen, Samen und Zubehör

Kakteengärtnerei Wessner, Hauptstr. 149, 76461 Muggensturm, Tel. 0 72 22/5 39 04. Spezialitäten: Echinopsis-Hybriden.

REGISTER